日本建筑的形式

[日] 西和夫 [日] 穗积和夫 著
李建华 译

清华大学出版社
北京

北京市版权局著作权合同登记号　图字：01-2016-6942

Japanese Title: Kenchiku no Ehon Nihonkenchiku no Katachi/Seikatsu to Kenchikuzoukei no Rekishi by Kazuo Nishi and Kazuo Hozumi

图书在版编目（CIP）数据

日本建筑的形式 / (日) 西和夫, (日) 穗积和夫著；李建华译.— 北京：清华大学出版社, 2023.8

ISBN 978-7-302-64343-2

Ⅰ.①日…　Ⅱ.①西… ②穗… ③李…　Ⅲ.①建筑史－日本　Ⅳ.①TU-093.13

中国国家版本馆 CIP 数据核字 (2023) 第 144621 号

责任编辑：孙元元
封面设计：谢晓翠
责任校对：欧　洋
责任印制：杨　艳

出版发行：清华大学出版社
网　　址：http://www.tup.com.cn，http://www.wqbook.com
地　　址：北京清华大学学研大厦 A 座　　邮　　编：100084
社 总 机：010-83470000　　邮　　购：010-62786544
投稿与读者服务：010-62776969，c-service@tup.tsinghua.edu.cn
质量反馈：010-62772015，zhiliang@tup.tsinghua.edu.cn
印 装 者：三河市春园印刷有限公司
经　　销：全国新华书店
开　　本：140mm×210mm　　印　张：6.25　　插　页：2　　字　数：181 千字
版　　次：2023 年 8 月第 1 版　　印　次：2023 年 8 月第 1 次印刷
定　　价：69.00 元

产品编号：093534-01

前　言

鲜花盛开的春天、艳阳照耀的盛夏、明月清秋、瑞雪寒冬，我们在四季这一自然的馈赠中生存繁衍。

白浪汹涌的大海、悬崖峭壁的山峰、一望无际的平原，我们居住在这虽不宽广却被各种地势包围的国度。

大自然给我们带来了丰硕的木头作为建筑材料。桧木、杉木、榉木、松木……树木造就了日本的建筑。

在四季的恩惠中，面对多样的气候风土和生活，我们的祖先创造出形色各异的建筑，佛寺、神社、居所、城堡、茶室。热爱树木，与树木抗争，让树木代我们创造空间。当然不仅仅是树木，还有泥土、石头、钢铁、纸张、玻璃……

创造者就是匠人们——木匠、锯木匠、泥瓦匠以及铁匠。他们用各自的双手创造了日本建筑。

建筑的历史极其漫长，伴随着人类的步伐，建筑无处不在。我们希望通过本书，在观赏图画的同时，回顾漫长的历史中祖先创造的多姿多彩的建筑历史。

在此，我们大胆地将漫长而丰富的日本建筑历史划分为四个主题：祭祀（神与佛的空间）、居住（住宅和城市）、战争（城和城邑）、游艺（风雅空间）。这四种建筑形式并非分别走过了独自的发展道路，它们相互交融，共同发展。将它们在不同的主题下区分开来，可以帮助我们进一步看清新的潮流。

书中绘图以线条画为主体，或许与稳重的风情并不相吻合，但为了精准地展示建筑本身，我们统一了表现方式。

本书在成书过程中参考了学术界众多前辈的研究成果，由于未能逐一标示，故在文末部分我们尽可能地将所有文献收录其中。

本书由穗积和夫负责绘图，西和夫负责文章构成和说明。

西和夫　穗积和夫

1983 年 3 月

目 录

祭祀

佛与神的建筑

感应寺生云塔终于即将完工，随着脚手架一点一点地拆除，一层、一层，慢慢地、渐渐地将露出它五层巍然屹立的样子……这才是真正的感应寺五重塔……

（幸田露伴《五重塔》）

由愚钝的十兵卫建造的五重塔完美收官了，尽管在随即而来的台风“疯狂的蹂躏下九轮摇动”，但一切都经过精密计算，安然无恙。台风过后“西望时飞檐吐素月，东望时勾栏夕阳吞红日”。谷中感应寺之塔在露伴的笔下永久地垂名于文学的世界中。

为了建塔，十兵卫豁上了性命。高耸入云的塔身是佛寺的象征，其技术上的难度迫使技艺高超的工匠们毕生挑战。

宗教建筑本身就是人们崇拜的对象。自古以来，人们引入当时最高的技术修建佛寺、神社。它时而充当一项国家事业，时而令贵族倾注家财，时而又集地区居民的“贫者一灯”（佛学典故，指贫者以虔诚之心供养一灯，其功德大于长者之供养万灯——编辑注）……

探寻建筑的历史，特别是从古代到中世（日本的中世，为镰仓幕府成立至德川幕府成立的时间，约为1192—1603年——编辑注）的历史，我们可以看到宗教建筑常常处于中心地位，那是因为宗教建筑的创意和技术一直领先于其他建筑。

布鲁诺·陶德（Bruno Julius Florian Taut，1880—1938，德国建筑大师，城市规划师——译者注）极力赞赏伊势神宫是一座艺术性建筑，严厉批评日光东照宫为“另类、假冒”。此番评论得当与否暂且不论，但是当日本人自身谈及日本的建筑、论及日本艺术的整体时，神社和佛寺的创意的确是一种无法忘却的存在，这一点确凿无疑。

神社建筑的雏形可以追溯至遥远的原始时代。而人们真正了解为神灵而建的建筑的形状是在奈良时代（710—784）之后，现在我们所知晓的神社建筑形式，似乎与6世纪传来的佛教建筑有着很大的关联。佛教自百济传入以来历史悠久，我们拥有被称作“世界最古老的木结构建筑”的法隆寺等众多的古老建筑。

让我们以时代为线索，从创意、技术以及建造者的故事等角度出发，窥视佛与神的空间，在那里一定能够目睹引领日本建筑历史的巨大潮流。

塔：佛寺的象征

法隆寺

在飞鸟时代（592—710）斑鸠的故里，法隆寺静静地耸立着。

以平缓的山丘为远景，近景则展现木结构建筑强有力的构造之美，这一切堪称日本建筑之代表。

法隆寺的创建可以追溯至古老而遥远的6世纪。用明二年（587），用明天皇为祈祷大病痊愈，决定祭祀佛像，建造佛寺。然而心愿未遂，天皇驾崩，后来的推古天皇和圣德太子继承老天皇遗志，建造并开启了佛寺，它就是法隆寺。

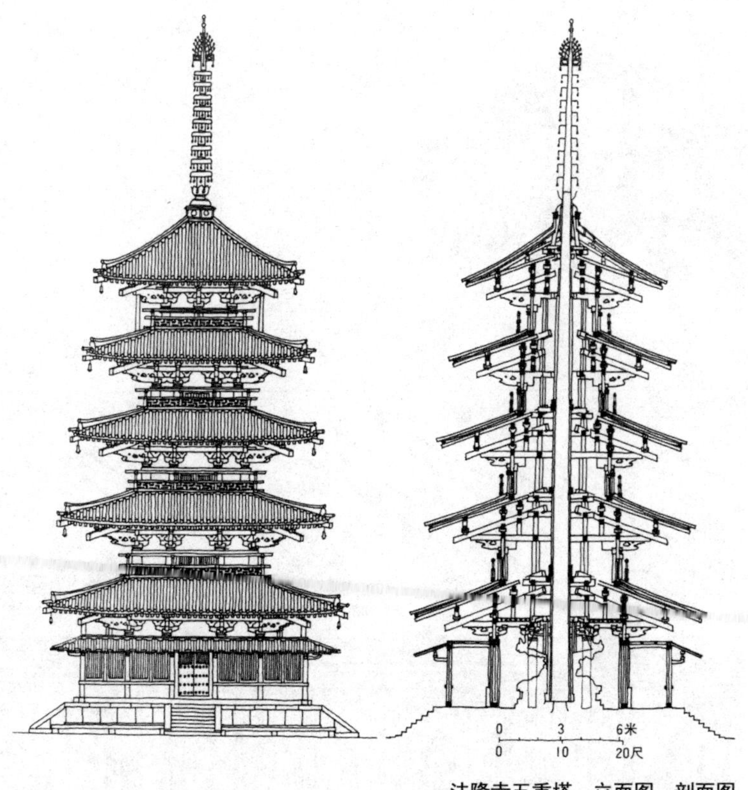

法隆寺五重塔　立面图、剖面图

飞鸟样式

天智九年（670），初建的法隆寺遭遇大火。现在的法隆寺是火灾后重建的，落成时间不详，也有说法认为是进入奈良时代后才完成的。但建筑样式与奈良时代不同，具有飞鸟时代的各种特色。柱子上有凸出的部分，称作凸肚式立柱，斗栱组合呈祥云形状，柱子顶部大斗下有皿斗。凭栏上的“卍”字形组合和人字栱也独具创意。

法隆寺　从回廊外看到的五重塔

呈现飞鸟样式的部分还有金堂、五重塔、围绕五重塔的回廊以及回廊上所开的中门。回廊现在连接着经藏和钟楼，进而与讲堂相连接，最早的回廊只围绕金堂和五重塔，经藏、钟楼、讲堂皆在回廊之外。

回廊的内侧被作为一片圣洁之地：回廊之外是人间俗世，而内侧则是佛的世界。

五重塔

金堂是安放佛像的建筑，而五重塔则是祭奠佛舍利的建筑。塔的中心有一根核心柱。其基石处祭奠的佛舍利原本是释迦的遗骸。

塔源自梵语中的窣堵波或塔婆。据说为了祭祀释迦的遗骸，土石隆起成碗形，上面放置伞状物，该伞状的形态逐渐发展成塔状。基石祭祀佛舍利是坟墓文化的残留，但其中收藏的不是遗骸，而是珍宝。顶部高悬相轮作为象征。

佛寺的象征

塔可谓佛寺的象征，远可感受佛寺的所在，近则能充分仰视，虽高却在回廊之外。

与下层相比，上层平面逐渐收分，随着时代的发展，收分的比例下降，令人感到近乎垂直。最古老的法隆寺五重塔收分的比例最大，给人以稳定感。

用木头建造高塔困难重重。塔的中心贯穿一根长长的柱子，这是一种让架构稳定的智慧。

塔的作用

祭祀佛像的金堂受到重视，因此祭祀佛舍利而发挥着佛寺伽蓝的核心作用的塔，逐渐演变成只具装饰性意义的事物。药师寺和东大寺等拥有东西两座塔基的佛寺出现，标示着塔的作用发生了变化。

古代的大伽蓝

佛教的兴盛

6 世纪中叶前后传入日本的佛教，在国家的保护下得以推广。敏达天皇六年（577），以制作、维修佛像佛具为职业的工匠和佛寺建筑工漂洋过海来到日本，带来了建造佛寺的技术，佛寺应运而生。

崇峻元年(588)开始营造的飞鸟寺,在塔竣工后的推古四年(596),已经做好伽蓝（佛寺的统称——编辑注），以塔为核心，三座金堂将塔围住，回廊环绕周围。这表明塔是最重要的建筑。

由一塔一金堂到二塔一金堂

7 世纪初叶的四天王寺、7 世纪中叶的川原寺，乃至推古十五年（607）创建、天智九年（670）焚烧殆尽、其后又重建的法隆寺，都是一塔一金堂的形式，它标示着这一形式在 7 世纪后半叶已固定下来。

建于持统八年（694）落成的藤原京（今奈良橿原）、后又于迁都的平城京（今奈良西郊）以相同样式建于和铜三年（710）的药师寺，以及被认为是灵龟、养老年间（710—720）迁移的兴福寺，都是二塔一金堂的形式，药师寺位于回廊内的塔，在兴福寺中出现在回廊之外。

东大寺

圣武天皇在全国建造国分寺。建造了东大寺，作为总国分寺。天平宝字四年（760）建造大佛殿、讲堂，数十年后完成了高 100 米的七重塔等。正面宽约 86 米、高约 45 米的大佛殿回廊环绕，北面是讲堂和僧房，东面建有食堂。

将平面图按照相同的比例缩小的话，东大寺伽蓝的宏伟一目了然。它标示着古都寺院的制高点。

东大寺伽蓝（根据推测复原）

1. 金堂
2. 塔
3. 讲堂
4. 回廊
5. 中门
6. 南大门
7. 食堂
北元堂
0 50 100米
飞鸟寺
四天王寺
川原寺
法隆寺
药师寺
兴福寺
东大寺

净土的建筑

平安时代的佛教界

都城从长冈迁址平安后迎来了一个新的时代。取代沉滞的南都佛教的，是最澄创立的天台宗和空海创立的真言宗，两种宗教同被称作密教，于是比睿山建起比睿山寺（后来的延历寺），高野山建起金刚峰寺。

密教建筑是在圆形平面的馒头形塔身上方挂攒尖屋顶，然后立相轮（宝塔），进而再建造单坡顶的多宝塔（后来圆形平面变成了四角形平面）。

平等院　外观

平等院凤凰堂

由天台宗兴起、并于平安时代（794—1192）流行的净土信仰，教导人们只要口念阿弥陀佛，就能往生极乐世界。于是贵族便在宅邸建造持佛堂，朝夕念佛，祈愿来世至福。

藤原赖通将宇治的别邸用作佛寺，于天喜年间（1053）完成的平等院凤凰堂内安放了佛师定朝制作的金色阿弥陀佛像，室内装饰色彩斑斓，天井镶嵌螺钿和镜子，门楣和天井之间的墙壁上悬挂木雕的云中供养佛像，等等，独有风趣，宛如极乐净土在这个世上再现一般。

类似飞鸟展翅的平面和富有变换的色彩缤纷的优美外观，与华丽的室内装饰相得益彰，展示了无与伦比的良苦用心。

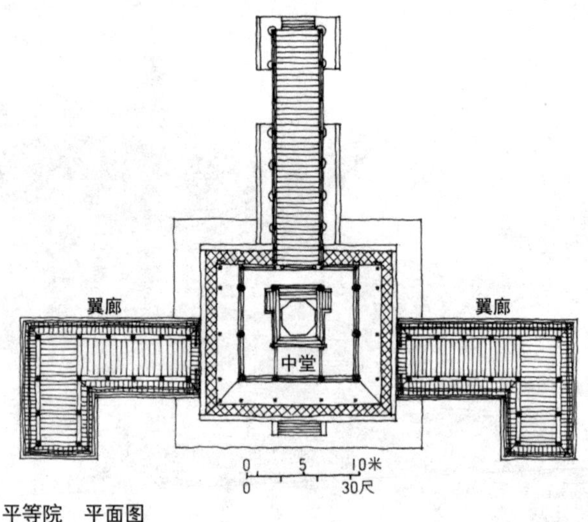

平等院　平面图

末法思想和阿弥陀堂

永承六年（1051）进入末法时期，即释迦逝后1500年，佛法进入衰退时代，人们认为唯有阿弥陀佛才能拯救。这一末法思想促进了阿弥陀堂的建设，在各诸侯国相继诞生了中尊寺金色堂（天治元年，1124）和愿成寺阿弥陀堂（永历元年，1160，福岛县）等众多的阿弥陀堂。

平安时代的建筑

与为完成国家大业而建造的缺乏创意的奈良时代的佛寺相比，为贵族个人建造的平安时代的佛寺富有变化，其特色是优美纤细。

平等院　内部

中世的新样式：大佛样式

重建东大寺

建久三年（1192）源赖朝在镰仓开设幕府，开始了新时代。治承四年（1180）被焚毁、翌年又开始重建的东大寺将以与新时代相吻合的新样式面世。

指挥重建工作的是俊乘坊重源，他于养和元年（1181）受命担任建造东大寺的总监。他决定凭借远渡中国宋朝时的经验，按照宋朝的

东大寺南大门

建筑样式重建东大寺。

这时，同于治承四年焚毁的比邻东大寺的兴福寺，也开始了重建工作。兴福寺是藤原氏的氏寺，与朝廷的联系也非常密切。它以传统的政治势力为背景，所以由掌握传统技术的工匠负责施工。与此相对，受到新兴势力赖朝支持的重源敢于采用新的建筑样式，并且聚集了一批不拘泥于传统技术的工匠承担施工。自宋朝来日的技术人员陈和卿协助了重源，木匠中也有物部为里、樱岛国宗加入。

大佛样式

现存的东大寺南大门就是此时的重建之物，于正治元年（1199）上梁。东大寺南大门与之前的佛寺建筑不同，一根根粗而长的立柱高耸，栱直接插入立柱，等等，是一座将构造直接展示出来的豪放建筑。大佛殿（金堂）也以相同的方式重建，这种建筑方式便因此得名大佛样式。当时的东大寺各建筑一律以这种样式重建，但现存的只有南大门、开山堂和法华堂礼堂。

南大门位于天平年间（724—748）创建时的位置，平面也是按原样重建的。靠近南大门，它的宏伟高大令人震撼，而这种宏大正是天平时代建筑的特色。重源明白要想重现这种宏大，非大佛样式莫属。贯木、栱等大部分的角材断面尺寸相同，或许是考虑到短期内重建的需要。

除了重建东大寺外，重源还在近畿、中国（中国地方，在日本本州岛西部，是日本的地区之一——编辑注）建造了大佛样式的佛寺。现存的净土寺净土堂（兵库县小野寺）就是其例。净土堂建于建久三年（1192），立柱均为等间隔（约 6 米），房檐水平，无反翘，房檐前面安装横板。建筑内部不铺设天井，具有外观所无法想象的宽绰空间。立柱朱红，在由虹梁和短柱织就的美丽结构的中央，立有 3 尊金色佛像。净土堂将大佛样式的特色发挥得淋漓尽致，或许它比大佛样式的代表作东大寺南大门更具代表性。

大佛样式的衰退

重源逝世后，大佛样式急速衰退。其原因或许是这一样式的政治色彩过于浓重，或许是其创意不符合日本人的喜好，诸如此类。不过其中合理且结构上严谨的细节手法被其他样式所吸收，其后一直沿用。

中世的新样式：禅宗样式

禅宗和禅宗建筑

就在重源推进重建东大寺的同时，宋朝的禅宗传入日本，这就是荣西的临济宗和道元的曹洞宗。荣西在镰仓接受了将军赖家的皈依，建造佛寺，在将军的援助下，于京都建起建仁寺。道元拒绝了北条时赖的邀请，前往越前（福井县）建立了永平寺。禅宗严格的修行态度深受武士欢迎，临济、曹洞两宗得到广泛普及。

禅宗寺院的基本设计是总门、三门、佛殿、法堂依次排列在中轴线上，配以回廊环绕的对称形伽蓝。法堂是讲解佛之大法的厅堂，法堂的后面是住持的居所，还有举行仪式时使用的方丈。回廊的外侧有僧堂、东司（厕所）、浴室等。

禅宗建筑的特色不仅在于其配有伽蓝，还在于其建筑的样式。由于禅宗教义的传扬受宋朝的影响，因此建筑形式基本和大佛样式相同，多为宋朝样式，但是也有与大佛样式不同的地方。建筑物建在石坛或土坛上，不铺设木头地面。柱子立于石坛地面上，上下缩小成圆形。其斗栱称作补间铺作，不仅设置在柱子上方，也设置在柱子之间。由于这是禅宗建筑的独特样式，故称作禅宗样式（唐样）。

禅宗样式

大佛样式仅仅是架构法和细部手法不同，对建筑物附属物的配置和规模不产生影响；而与此相对的禅宗样式则遵循禅宗教义，不仅要配置伽蓝，还涉及建筑物的平面、结构以及细部的工艺，这也是它独具特色的地方。

大佛样式在重源去世后迅速衰退，而禅宗样式由于禅宗这一宗派并未消亡，得以传承后世，一直没有衰落。

正福寺地藏堂

正福寺地藏堂（东京都东村山市）在斗栱处留有应永十四年（1407）

的墨迹，它是关东地区可以确定年代的最古老的禅宗建筑。地藏堂的屋脊看上去像是两层，其实下面一层是单坡屋脊，从结构上讲只有一层。屋脊为入母屋造（歇山顶），上铺木板。

作为禅宗的佛殿，此外还有镰仓圆觉寺舍利殿颇具名气。舍利殿于永禄六年（1563）焚毁，现存的建筑应该是从镰仓尼五山的一个太平寺迁移过来的。但是由于太平寺的历史不详，因此建筑物的建筑年代也无法确定。

正福寺地藏堂正面所看到的花头窗、弓栏间等细部的工艺很好地

正福寺地藏堂

展示了禅宗样式的正统手法。与大佛样式以及自古以来的传统的佛寺建筑的样式（“和式”）相比较，构件纤细，外观紧凑。

日本化的工艺

尽管禅宗样式遵循了宋朝的建筑样式，但是如果将现存的建筑看作宋朝建筑样式的直接引进却未必正确，而应该将其看作经日本工匠锤炼后的日本化的产物。日本在建筑手段上的努力令人瞩目，例如日本之后为数众多的斗都统一了大小等。

大佛样式建筑的细部

大佛样式的特色

我们以净土寺净土堂和东大寺南大门为例，看大佛样式的特色。

连接柱子与柱子的是贯穿其中的梁枋，而不是长押（额枋）。铺作由斗和栱构成，这一点与传统样式中的和式相同，但是栱插入柱子中间这点却与传统大相径庭。这种栱称为插栱。斗栱的组合不向左右扩展。檐宇不带飞檐，椽木的正面因装有横板是看不到的，唯有椽木的角落部分呈放射状。这样的椽木叫作扇形椽木，大佛寺因为只有角落有椽木，所以叫角扇椽木。室内不铺设天井，而做成装饰内顶。为此，净土寺净土堂具有从外观无法想象的宽阔的内部空间。虹梁是圆形断面，梁底有称作锡杖雕的凹刻。

除了上述特点之外，在木鼻（耍头）和蟇股（日本特有建筑结构，详见 p40“中备”）上还使用了具有独特曲线的凹形边饰，在出入口安装栈唐门（带有裙板的推拉式格子门），用五金件固定于梁枋上，等等。这些特点在图中并没有标示。

巨大建筑和大佛样式

重源在重建东大寺时，为寻找用作柱子的巨型木材费尽周折。获得巨型木材是重建东大寺获得成功的关键。

通过枋将柱子与柱子牢固连接，又通过栱直接插入柱子之间，等等，重源采用结构上优势颇多的大佛样式，利用巨型木材，建起一座巨大的建筑。

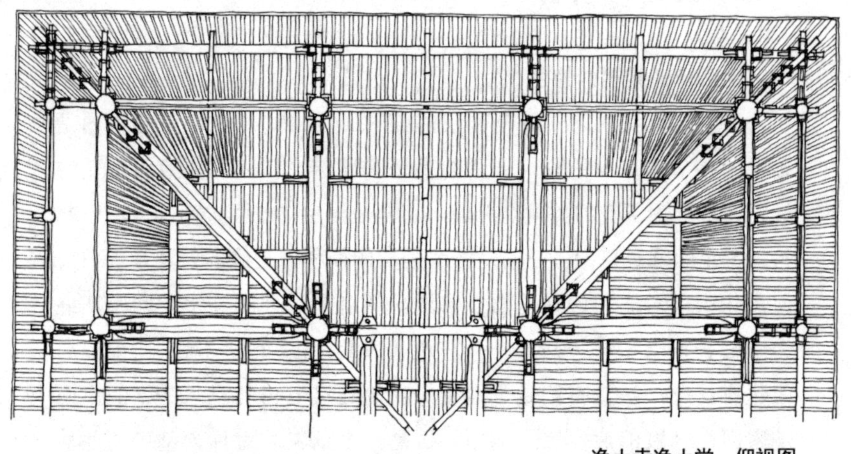

净土寺净土堂　仰视图

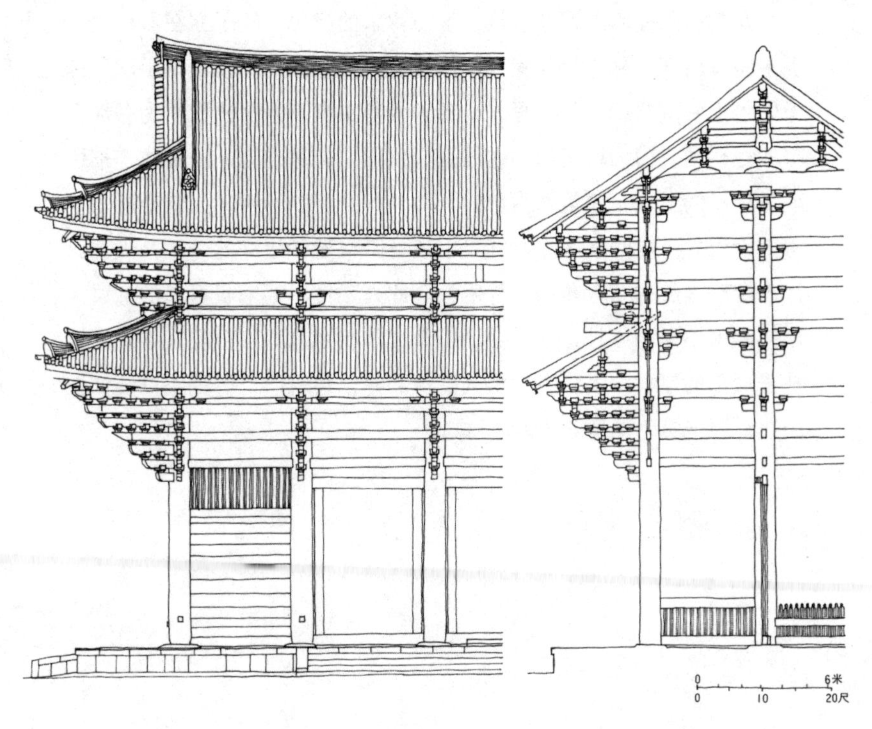

东大寺南大门　立面剖面图（部分）

禅宗样式建筑的细部

禅宗样式建筑的特色

禅宗建筑特色之一就是伽蓝的配置。描绘建长寺伽蓝的古图是元弘元年（1331）所画，展示的是正和四年（1315）焚毁后重建的形状。走过图下端的桥就是总门，右面是浴室，左面过西净（厕所）向前，正面就是三门。三门是三解脱门的简称，正确的写法是三门，但也作山门。三门的最里面有佛殿，两者通过回廊连接。回廊环绕的中庭种植着柏槙。回廊之外右边是库院，左边是大僧堂。佛殿后面建有法堂，法堂右侧是土地堂，左侧连接着祖师堂。法堂的里面是客殿，客殿的后面有一池塘。这是一个以左右对称为基础的井然有序的伽蓝。

我们以正福寺地藏堂为例，说明禅宗的特色。柱子立在石坛上，上下两端略细，称作粽（粽形，是镰仓时代开始的禅宗建筑手法。柱子的上下两端略细，呈梭形）。窗子为花头窗，上面的栏间为弓形空隙的弓栏间。门为栈唐门，通过五金件固定。铺作为补间铺作，不仅限于柱子的上方。建筑物内部的外阵（行拜礼的场所）为骨架屋顶，不铺设天井；内阵（本堂）铺设镜板（带框架和边缘的平板）天井。椽木全部是放射状（角扇形椽木）。此外，使用虾米状弯曲的虹梁，连接高度不一的立柱，在木鼻、拳鼻（拳状木鼻）、台轮（寺院建筑柱子顶部的厚板，多出现在塔式建筑和禅宗建筑中）等处施以装饰性曲线。不施彩色也是其特色之一。

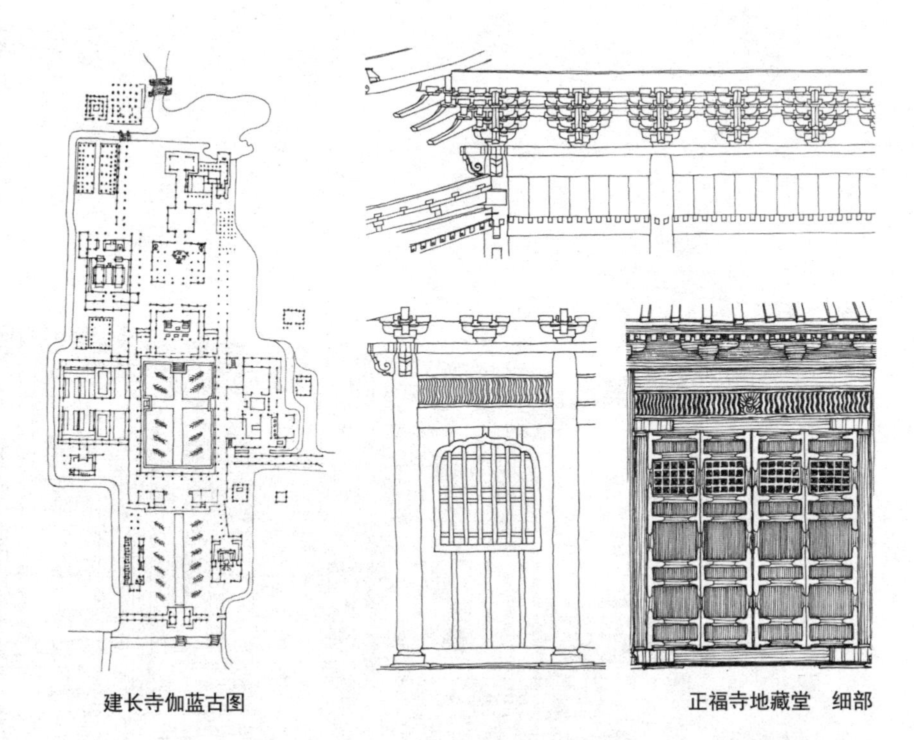

建长寺伽蓝古图

正福寺地藏堂　细部

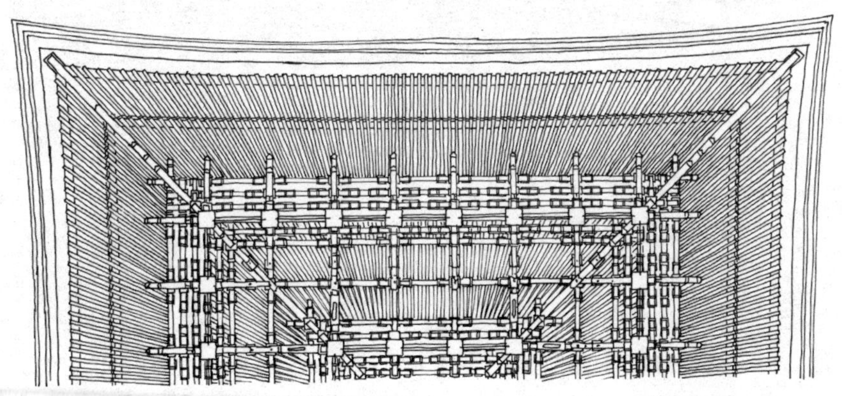

正福寺地藏堂　仰视图

长寿寺本堂

中世的和式建筑

传统的样式

镰仓时代（1192—1333）在大佛样式和禅宗样式登上建筑舞台的同时，也建造了很多传统的佛教寺院。这些传统的样式称作和式。

兴福寺的重建

治承四年（1180）随东大寺一同焚毁、又在藤原氏的援助下重建的兴福寺建筑群中，现存的有北元堂和三重塔。北元堂由兴福寺所

属的奈良木匠建造，使用了奈良时代的基石，因而古风浑厚，匠心独运；而三重塔由公家文化中技术精湛的京都木匠建造，其工艺优美、纤细。

和式建筑

长寿寺（滋贺县甲贺郡）也是和式建筑的代表。它是镰仓时代初期建造的一座密教本堂，内阵和外阵通过格子门扇和菱栏间隔开。从剖面图看其结构非常清晰——内阵和外阵分别是不同的骨架屋顶，骨架屋顶的上面架设大的屋顶。这表明此堂原本是设在正堂前面的礼堂。

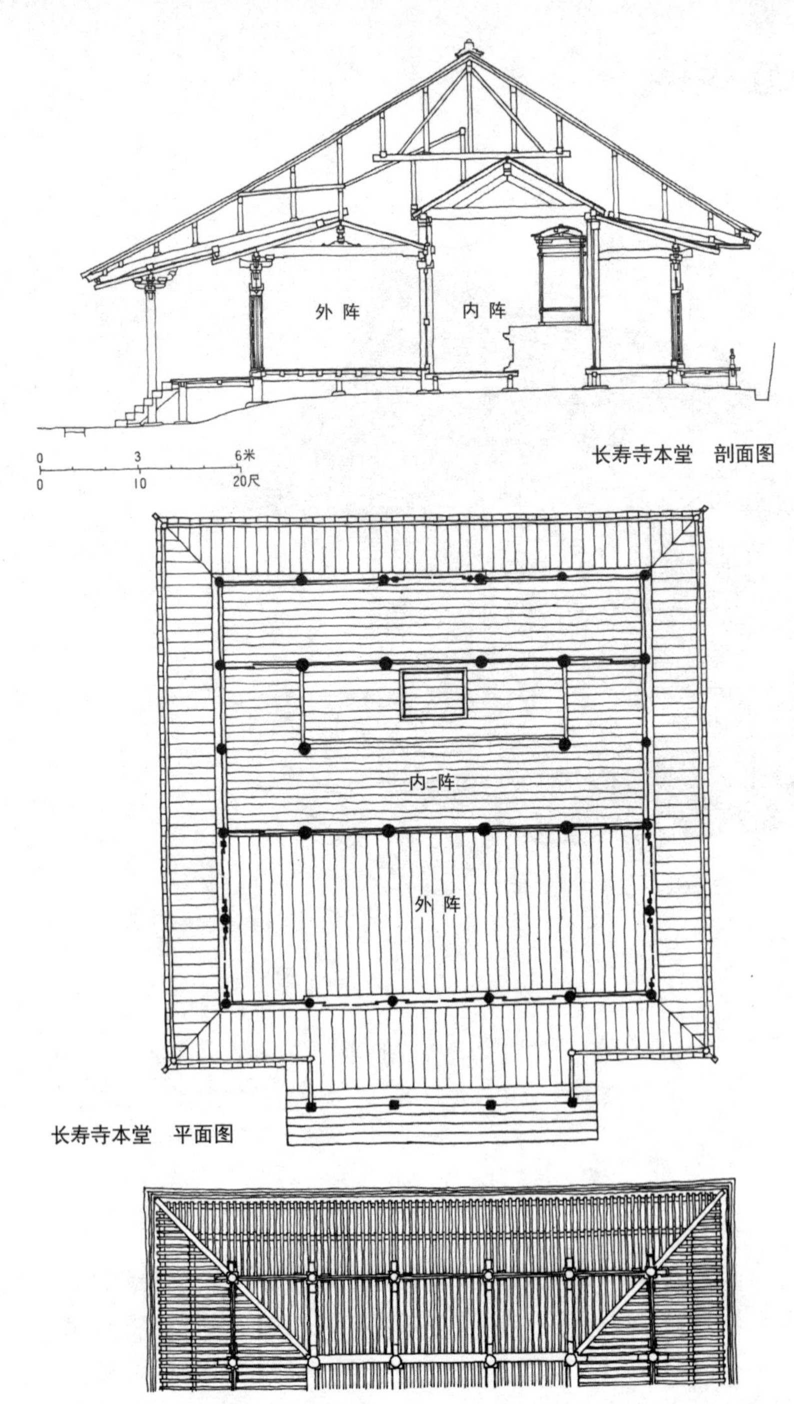

长寿寺本堂　剖面图

长寿寺本堂　平面图

长寿寺本堂　仰视图

外观由较粗的构件构成，给人以沉稳感。屋顶椽木的构成与大佛样式和禅宗样式（扇形椽木）相比，区别明显。这里所见到的平行配置的椽木是一种传统的手法。

折中样式

镰仓时代末期，以和式为基调，出现了大佛样式中在木鼻和栱上雕刻曲线的工艺，或是按照禅宗样式将向拜柱立于基石上，用弯曲的虹梁连接柱子等工艺形式。这种在和式的基础上加入大佛样式和禅宗样式元素的建筑样式称作折中样式。只是自这一时代后，纯粹的和式基本消失，或多或少都混入了大佛样式和禅宗样式。也可以说，那些混入其他元素又多又明显的建筑样式就叫折中样式。

折中样式的代表作品

折中样式的代表作品首先要数鹤林寺本堂（加古川市）了。鹤林寺本堂建于应永四年（1397），它以添加大佛样式的元素的和式（也称为新和式）为基础，又辅佐禅宗样式的细部。明王院本堂（福山市）建于元应三年（1321），细微处运用了大佛样式和禅宗样式的工艺。

进入室町时代（1336—1573）后依然以纯粹的和式样式建造的代表作品是兴福寺的东金堂。兴福寺东金堂建于应永二十二年（1415），它位于传统之地奈良，是一座按照复古创意重建的寺院建筑。

中世的佛寺建筑中两种新的样式的出台，迫使木匠们以多种方式应对，其创意呈现了变化。与古代相比，富有个性的建筑的涌现是镰仓时代佛寺建筑的特色。然而步入室町时代后样式逐渐固定下来。

此外，中世的佛寺建筑还有莲华王院本堂（三十三间堂，京都，文永三年，1266），兴福寺五重塔（奈良，嘉吉二年，1442）等优秀建筑作品。

鹿苑寺金阁（足利义满北山殿舍利殿）

金阁与银阁

北山文化和金阁

室町时代的武家文化深受禅宗文化影响。足利第 3 代将军义满在京都北山营建山庄，修建池塘庭院，盖起复层的庭院建筑。这座庭院是尊崇禅宗精神的产物，该时代修建的庭院中禅僧的重要作用也十分引人注目。

按照山庄的名称，我们将义满时代的文化称作北山文化。这座山庄的舍利殿贴有金箔，由此得名金阁。应永四年（1397）金阁动工，十五年迎来了后小松天皇的行幸。

由三层楼阁构成的舍利殿（金阁）初层叫作法水院，其构成属住宅风格；第二层是潮音阁，安放观音，属和式佛堂设计；三层是究竟顶，

慈照寺银阁
（足利义政东山殿观音殿）

安放 3 尊阿弥陀佛像和 25 尊菩萨像，属禅宗样式设计。义满死后，山庄改名鹿苑寺，舍利殿成为传达当时情景的唯一一座建筑。然而昭和二十五年（1950）舍利殿焚毁，昭和三十年又重新建造。虽然现在的建筑已不再是义满时代的建筑，但是庭院和池塘依然可再现当时的氛围。

东山文化和银阁

第 8 代将军足利义政于文明十六年（1484）在京都东山破土动工修建东山山庄。直至延德二年（1490）义政逝去，工程仍持续着，之后东山山庄更名为慈照寺。现存的观音殿和东求堂就是当时的建筑。观音堂也称银阁，其第一层叫作心空殿，属住宅风格的结构；第二层叫作潮音阁，按照禅宗佛堂设计。

义政时代的文化称作东山文化。北山、东山两种文化构成室町文化的两个顶峰，它们以禅的精神为基调，注重朴素、幽玄的环境，创造出独特的境界。金阁和银阁同为山庄中楼阁，拥有住宅风格和佛堂风格并举等很多共同点。细致看来，金阁的下面两层是寝殿造的创意，拉门和隔扇等使用了“蔀户”（寝殿造宅邸的隔扇之一，四方格后加木板，可遮光防风雨）；与此相对，银阁下层的拉门和隔扇等使用了等腰高的隔扇，显示出向书院造过渡的过程，等等，可以看出两者之间的时间跨度将近一个世纪。

义政在规划东山山庄时参照了西芳寺的庭院作范本，现存的观音殿（银阁）与西芳寺的琉璃殿、东求堂与西芳寺的西来堂相对应而建造。只是占地和庭院的规模比当时的东山山庄缩小了一些，据说曾经可以荡舟水面的池塘，经江户时代改造后大大地变小了。

楼阁建筑及可以荡舟水面的池塘所营造出的优雅风情在其后也得以继承，近世（1603—1867）的本愿寺飞云阁等就属这一系列的建筑。

作为室町时代的佛寺庭院有龙安寺和大德寺大仙院的枯山水庭院（在没有水的地方，利用地势和沙砾、石头等建造的仿真山水庭院），以及天龙寺和西芳寺的池塘庭院等，我们通过这些庭院也能一睹禅宗文化的特色。禅僧梦窗疏石以建造西芳寺庭院等而闻名，他的建造灵感来自佛教著作《碧岩录》。

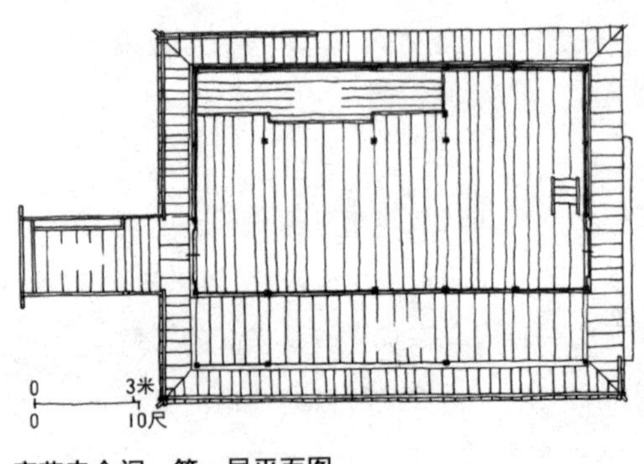

鹿苑寺金阁　第一层平面图

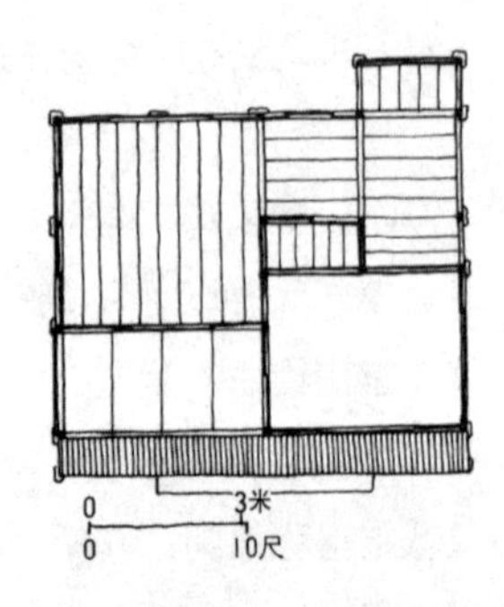

慈照寺银阁　第一层平面图

中世的营造技术

古代和中世

古代的大型建筑工程主要是官营工程。平安时代末期，公家势力衰退，官营工程的组织机构逐渐瓦解，到了中世，大型建筑工程主要靠各地的庄园主和武家以及寺院推进。

进入中世后，营造建筑物的技术和古代相比也发生了变化。古代制作木件的技术是钉入楔子，通过楔子将木头锯开。但此种方法很难制成薄板和细材。古代建筑以粗犷的建材完成厚重、刚健的创意为长，这其中虽不排除时代因素，但从制作建材的技术来看也只能如此。

大锯和刨床

进入中世后，获取庞大的木材变得越来越困难。当室町时代出现了竖着拉的大锯后，与之前的楔子锯法相比，板材制作变得更加容易了。将板材表面磨平的工具在古代只有尖头刨（头部像标枪一样呈尖形的刨子——译者注）和手斧，但是到了室町时代便出现了长方形的刨子，更加容易将木材的表面磨平。关于大锯和长刨的出现，目前所能了解到的只是时间在室町时代前后，其诞生的原因应该是与越来越难以获取庞大木材有着密切的关系。

大锯和长刨的出现使工程效率得到显著的提升。但是这两项工具的广泛普及还是在室町时代末期。《石山寺缘起》和《春日权现验记绘》中并没有相关的记载。

绘卷上的建筑风景

《石山寺缘起》完成于镰仓时代末期至室町时代初期，其中描绘了用牛车满载原木加以运送，之后加工为木材的情景。小房间里，木匠们正在用尖头刨和手斧削砍木材，用楔子切割木材，用大锯锯断木材。《春日权现验记绘》完成于镰仓时代末期。图右侧描绘的是在工地内通过画水线的方式测量水平，然后牢固地打下基石的情景。肩上

《石山寺缘起》

《春日权现验记绘》

扛着称作间竿的量尺、正在指手画脚的那位人物应该就是木匠头儿了。他的左侧有人正在用曲尺向原木上施墨，用手指弹墨线，还有的将墨弹到方形木材上，然后用楔子将木材划开，再用尖头刨和手斧削磨板材。小房间中有人在用锯锯木材，有人在用凿子开孔。

《松崎天神缘起》是应长元年（1311）前后完成的，它描绘了用原木搭建脚手架的施工现场。图中肩上扛着量尺、手里提着墨壶、观测垂直情况的人物，以及同样是扛着量尺、指挥着木匠的人物应该都是木匠头儿。施工现场虽然有尖头刨和手斧，却既没有大锯，

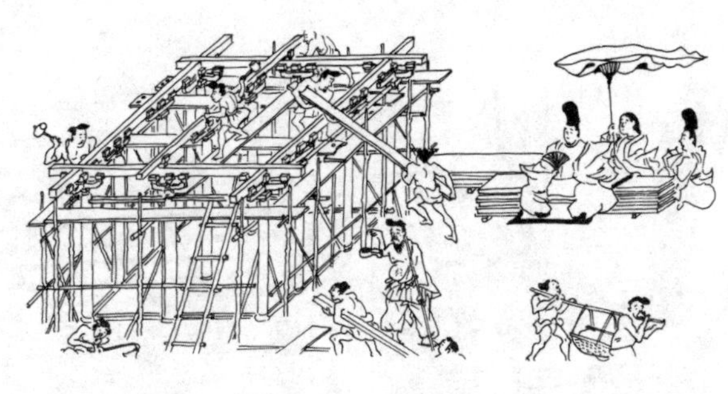

《松崎天神缘起》

《三十二番职人赛诗会》

也没有长刨。

与此相对，被认为是室町时代末期完成的《三十二番职人赛诗会》中则有标着“大锯引”字样的大锯的图片，旁边还附有和歌一首：“春日的山风磨砺了锯刃……”这表明大锯也称作锯。上面的画面中两个人在用竖着拉的锯制作板材。

木匠工具一般用废后就丢弃了，因此古老的工具很难保存下来。绘卷中的描绘对我们了解技术历史是非常珍贵的资料。

善光寺本堂　内部

近世的寺院建筑

清水寺本堂

进入近世后，出现了许多不受传统束缚的伽蓝布局和建筑物平面形式束缚的寺院建筑。

宽永十年（1633）建起的清水寺本堂（京都市）是突出于悬崖上的一种悬空建造。虽然这种形式自平安时代起就早已有之，并非新生事物，但是它让密教本堂有了翼廊，在复杂的平面上巧妙地覆盖上屋脊，创造出优美的外观。从前面广阔的舞台上可以一览京都街区。这一设计势必令江户时代的百姓欢喜不已。

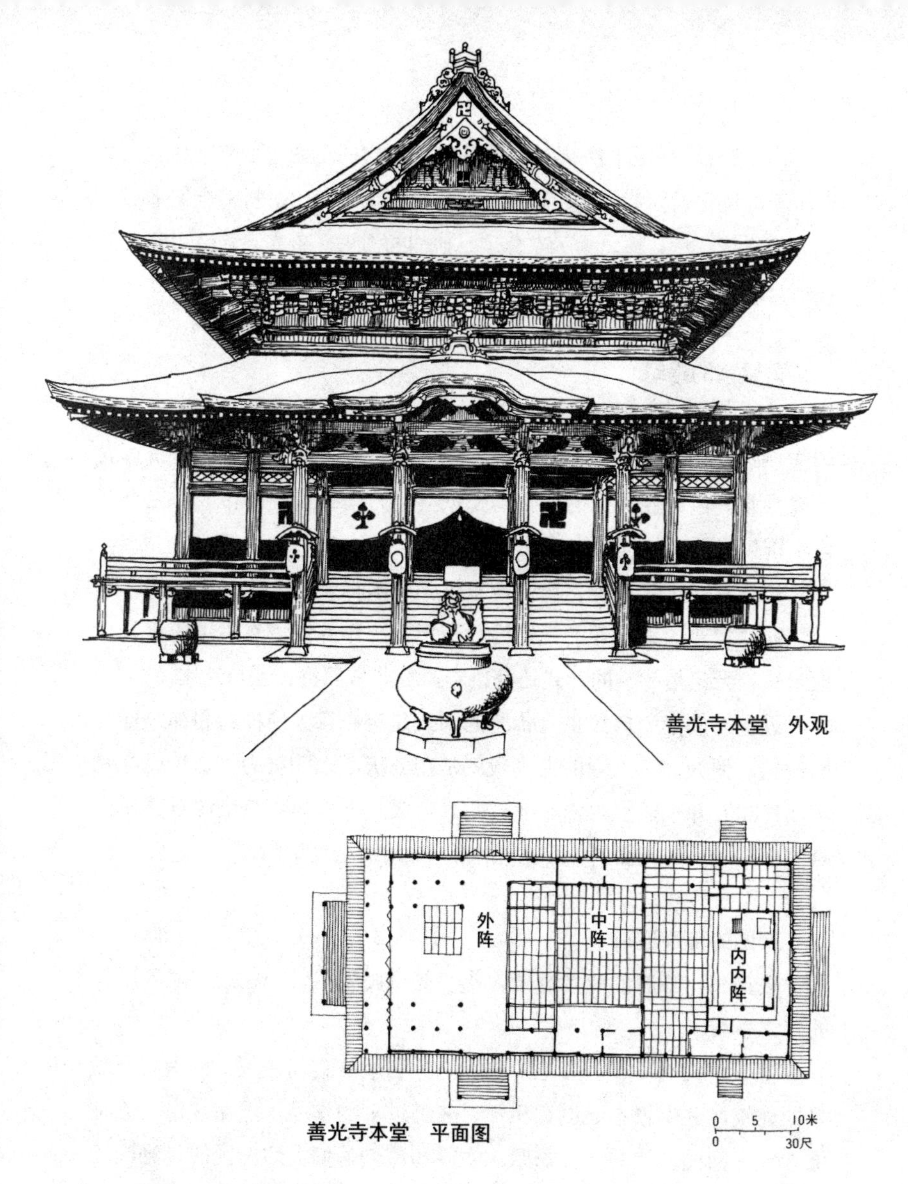

善光寺本堂　外观

善光寺本堂　平面图

善光寺本堂

让百姓能够自由参谒也是近世佛寺的 人特色。善光寺本堂（长野市）重建于宝永四年（1707），巨大的本堂的内部分为外阵、中阵、内内阵。外阵可以不脱鞋直接进入；宽广的中阵铺有榻榻米，可以令参谒者疲劳的双足得到休憩；内内阵中环绕在漆黑的地板下面的洞穴，则是给参谒者留下深刻印象的一项创意。

由于带单坡屋顶的缘故，看上去宛如双层的重檐屋顶非常壮观，呈现出无与伦比的独特外观。百姓从各诸侯国聚集而来，祈祷全家平安、商业昌盛等切身幸福。为了充分满足他们的需求，善光寺建造得浩大而豪华，这也是善光寺的特点之一：为百姓预留了空间，令百姓欢喜。

黄檗宗的建筑

镰仓时代的大佛样式、禅宗样式属宋朝的建筑样式，而与此不同的江户时代初期从中国传来的黄檗宗，则是按照明或清朝的建筑样式建造佛堂。由明朝来日的僧侣隐元创立的万福寺（宇治市），完全是以中国风格的独特创意建成的。

长崎有一座崇福寺，由一群出生于中国福州的人建造。元禄七年（1694）重建的崇福寺的第一峰门在中国制作部件，然后用船运到当地组装。无论是斗栱的形式还是色彩，都非常独特，无与伦比。

近世的佛寺中自然也有传统的和式建筑，有大佛样式和禅宗样式的建筑。例如，东大寺的大佛殿就是在公庆上人的努力下，于元禄元年（1688）开工，宝永六年（1709）建成的。它基本是重源重建镰仓时的样式，只是正面的大小由原来的 11 间缩小到 7 间。

庶民的佛寺建筑

根据德川幕府的政治意图，佛寺与庶民生活紧密相连，融入庶民的日常生活。

随着时代的发展，各地的佛寺充分利用色彩和雕刻，成为装饰颇多的建筑，其中也不乏创意粗糙、装饰过多的作品。然而这也恰恰是佛寺成为庶民之物的一种反映。木匠和雕刻师们关注庶民的目光，倾尽心力建造了这些佛寺。

寺院建筑的构造和细部

斗栱

寺院建筑与住宅不同，它纪念性强，需要有宽广的室内空间举行祭祀佛像的宗教仪式，因此建筑物大多比较宏大，拥有雄伟豪放的特点。房檐的伸出部分也比较长，如何支撑具有深度的房檐是一个重要课题。为攻克这一课题，工匠们想尽办法，完成了创意上独具特色的装置。这就是将斗和肘木（栱）相组合，架在柱子上方支撑房檐，这一组合称作斗栱。

斗也写作枅形或升形，形状呈四方或长方形，因其形状如同量米、酱油等的枅而得名。置于柱子上方的巨大的斗叫大斗，置于栱上方的小斗叫卷斗，位于转角的栱等置于45度角方向的木件上方，下端（斗尾）具有复杂的曲线状刳的斗叫鬼斗。

肘木是和斗相组合支撑房檐荷载的长方形木件，端面的下方削成曲线状，因其类似人的肘部而得名。位于卷斗上方直接承受桁架的叫实肘木（实栱）。

尽管斗栱在和式、禅宗样式、大佛样式的建筑中，其形式和形态各不相同，但只要了解了和式建筑，其他建筑中的斗栱也基本都能理解，因此这里就介绍和式建筑中的斗栱。

舟栱是指柱子的上方只放置栱，因栱的形状似舟而得名。

大斗栱是指在柱子的上方放置大斗，大斗上再放置栱。

平三斗是指大斗栱的上方放置三个卷斗（三斗）。

出三斗指的是大斗到墙壁的垂直方向挑出栱，在栱的前端也放置卷斗。

第一层栱是在离开出三斗前面墙壁的卷斗上方放置栱和三个卷斗（三斗），由这个三斗承受桁架。从这一层栱再向前放置栱的话，就是第二层栱和第三层栱。

第三层栱常常是靠尾椽支撑前面的斗和栱。从药师寺东塔（天平二年，730）、醍醐寺五重塔（天历六年，952）、常乐寺三重塔（应永七年，1400）的比较来看，可以看出第三层栱的手法逐渐得以完善。

1. 舟栱
（大仙院本堂）

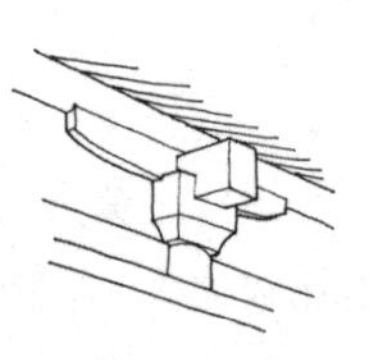

2. 大斗栱
（法隆寺传法堂）

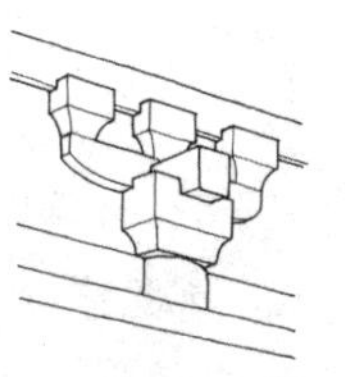

3. 平三斗
（法隆寺大讲堂）

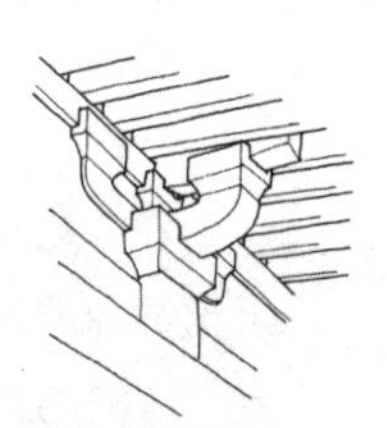

4. 出三斗
（长弓寺本堂）

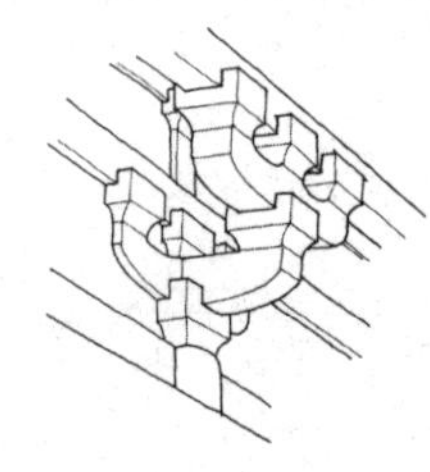

5. 第一层栱
（东大寺法华堂）

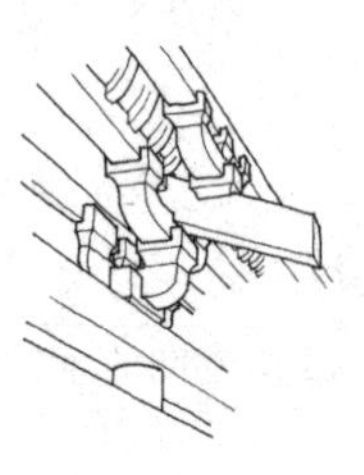

6. 第二层栱
（海住山寺五重塔）

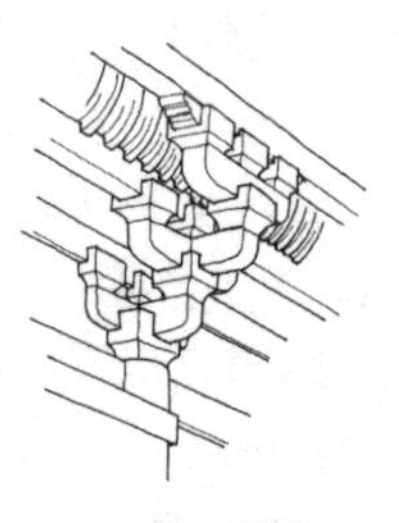

7. 第二层栱
（大善寺本堂）

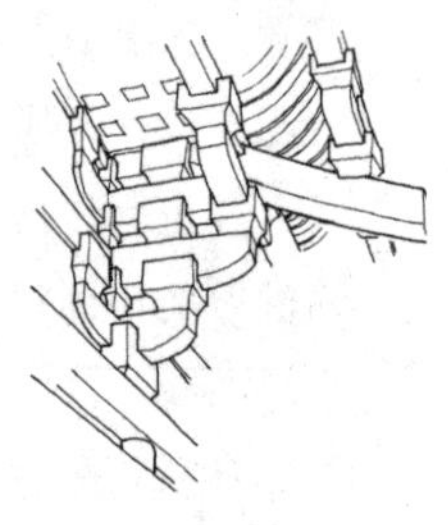

8. 第三层栱
（当麻寺西塔）

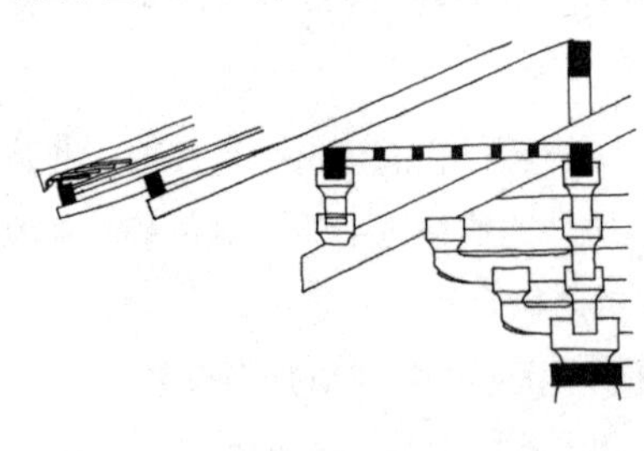

9. 第三层栱（药师寺东塔，三重塔）

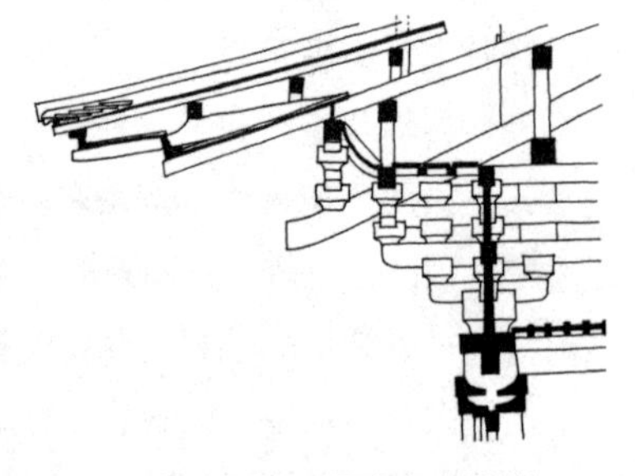

10. 第三层栱（醍醐寺五重塔）

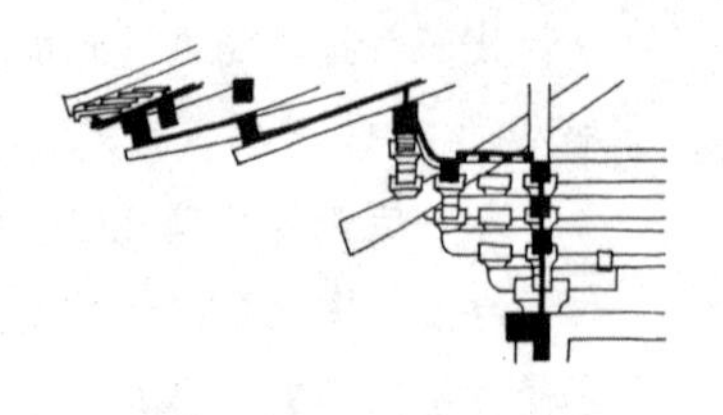

11. 第三层栱（常乐寺三重塔）

第三层栱的变迁

药师寺三重塔斗的上面既没有斗，也没有檐支轮，是平的天井，而醍醐寺五重塔则是以斗的上面重叠斗的形式完成的。常乐寺三重塔从图上虽看不清楚，但是它采用的是六枝挂的手法，即三组斗的宽度与六根椽木的宽度相等，使得斗栱和椽木有机地结合在一起。

斗栱样式

屋檐的构造

与斗栱并重的椽木也是构成屋檐的重要木件。古代椽木直接支撑屋檐的荷载，随着挑檐木的使用，由其支撑起屋檐的负荷，椽木也就变得纤细，并可以长长地伸出。

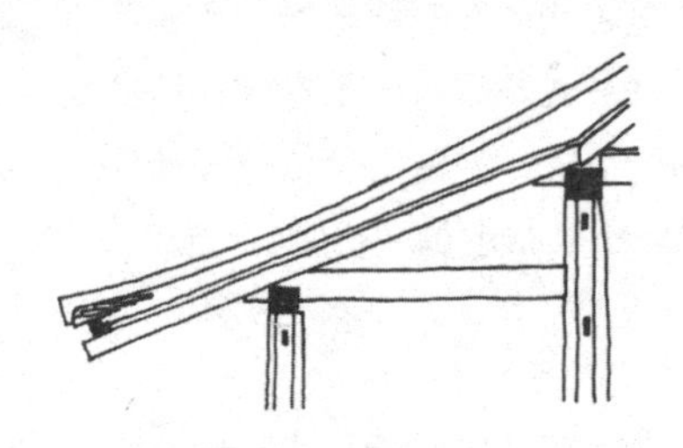

1. 单檐（法隆寺东室）

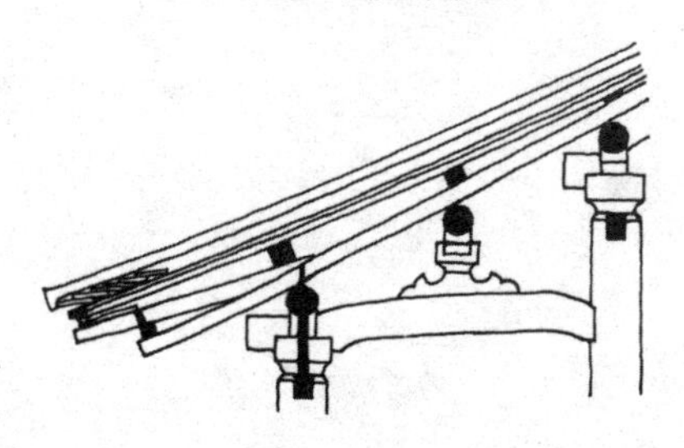

2. 重檐（法隆寺传法堂）

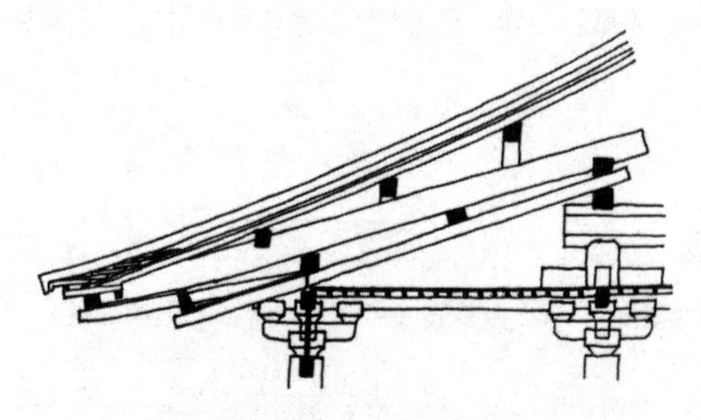

3. 重檐（法隆寺东院礼堂）

只有地椽的屋檐称作单檐，在地椽的前面伸出飞檐椽的称作重檐。法隆寺东室和法隆寺传法堂均为奈良时代的产物，是单檐和重檐的代表作品。无论单檐还是重檐，椽木都承载着负荷。法隆寺东院礼堂建于镰仓时代的宽喜三年（1231），粗大的挑檐木承载着荷重。

房檐的构造

中备

位于斗栱和斗栱之间，承受桁架的木件称作中备（补间铺作，柱间斗栱的统称）。其中包括短柱上方放置斗的间斗束，短柱下方的拨束，上面带装饰的蓑束，以及如同青蛙张开双脚形状的蟇股（蛙腿形装饰）。蟇股的起源并不清楚。从由左右两根木材构成的平安时代的蟇股看，也有说法认为它的前身就是扠首。平安时代以后蟇股由左右对称的形式逐渐发展成复杂的形式，并附上了植物和动物的图案。到江户时代末期，甚至出现了整体都带雕刻的蟇股。

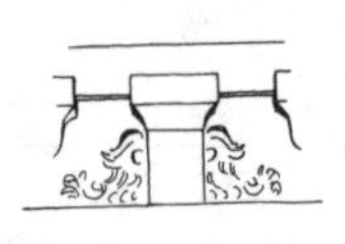

1. 间斗束和笈形（兴福寺北元堂）

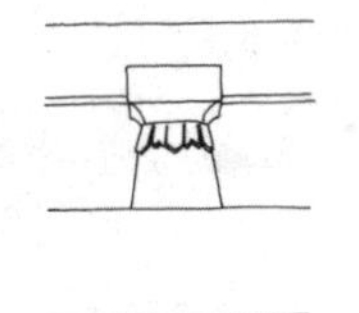

2. 蓑束（云峰寺本堂）

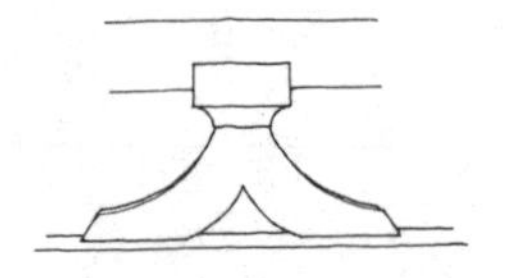

3. 人字形短柱（法隆寺金堂）

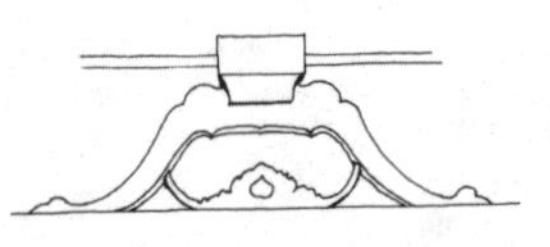

4. 本蟇股（宇治上神社本殿）

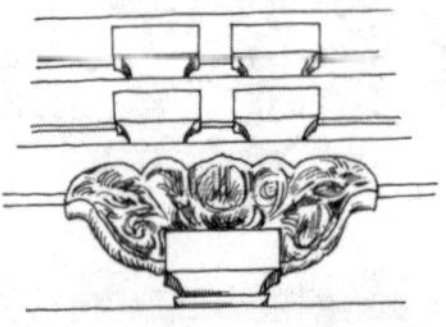

5. 花栱双斗（元成寺楼门）

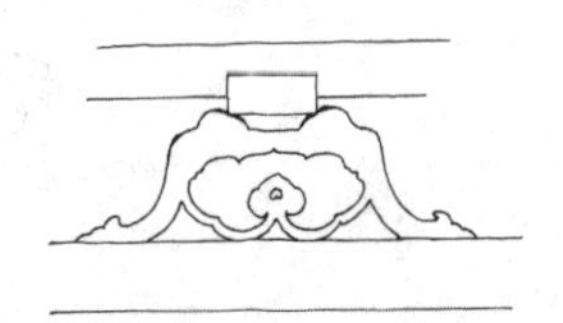

6. 本蟇股（新药师寺地藏堂）

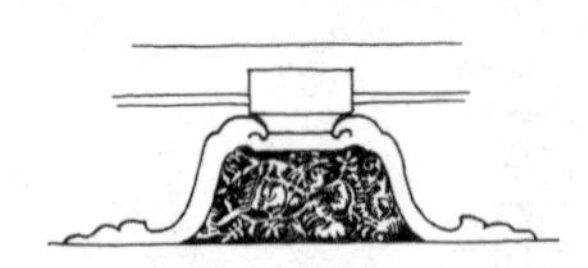

7. 本蟇股（法隆寺地藏堂）

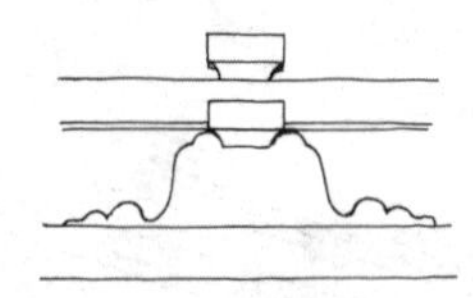

8. 板蟇股（宇太水分神社本殿第二殿）

间斗束是位于斗与斗中间的短柱，其左右绘有装饰图案的叫笈形。法隆寺金堂的人字形支撑木件可以说就是蟇股的前身。奈良时代没有出现蟇股，自平安时代后期开始出现了称作本蟇股的向两面分开的形式。宇治上神社本殿（平安后期）是较早出现蟇股的例子，从创意上讲也非常优秀。斗上面的栱若带有装饰便称作花栱，元成寺楼门就是应仁二年（1468）采用花栱的例子。作为本蟇股代表作的新药师寺地藏堂建于文永三年（1266），法隆寺地藏堂建于应安五年（1372），使用板蟇股的代表作宇太水分神社本殿建于元应二年（1320）。

中备

神宿之地

自然崇拜

在神社殿堂等建筑设施建造之前，人们认为山脉、森林、树木是神宿留的地方，于是将它们作为信仰的对象。如同现如今的大神（三轮）神社（奈良县）、金钻神社（埼玉县）那样，认为神体隐匿在后面的山上而不修建本殿的神社，就是此种信仰的表现形式。

神社的原始形态

当人们庆祝作物的生长或感恩收获的时候，为迎接感恩的对象——神灵，要建造一些房子，这就是神殿的原始形态。房子常常建在人们居住的村落的广场上，或建在认定是神灵宿留的山脉和岩石的前方等。这些房子最早只是举行向神灵祈祷的祭祀活动时才有的临时性建筑。

迎接神灵的房子的形状至今不甚明了，很可能就是祭祀时肩扛的御轿的形状。春日大社（奈良县）本殿中被称作春日造的神殿以及贺茂别雷神社（京都市）中被称作流线造的神殿均有基座，这或许正说明了昔日的神殿是可以像御轿般用肩扛起的。

神社建筑形式的完成

迎接神灵的房子发展成现在人们所见到的神社形式，似乎是自佛教传来之后的事情。神社的出现完成了与寺院相对抗——在形式上与寺院截然不同的建筑形式。

神明造、大社造、住吉造

现存的神社建筑中形式最古老的当属神明造、大社造、住吉造，它们的形式分别如我们现在所见到的伊势神宫（伊势市）、出云大社（岛根县）和住吉大社（大阪市）。

伊势神宫具有平直出入的平面，支撑栋梁的柱子脱离开山墙。稍

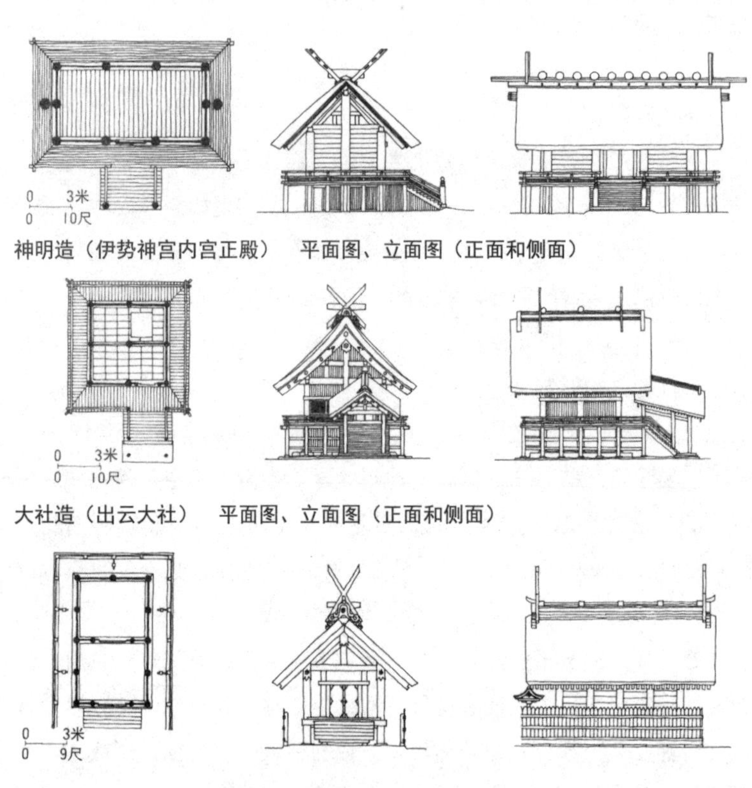

神明造（伊势神宫内宫正殿）　平面图、立面图（正面和侧面）

大社造（出云大社）　平面图、立面图（正面和侧面）

住吉造（住吉大社）　平面图、立面图（正面、侧面）

靠内侧的粗大柱子展示出支撑栋梁柱子的本来面目。墙壁为板墙，坡形的屋顶铺着茅草。大梁上排列着装饰用的圆木，山墙的人字形板穿破屋脊，在屋脊上方交叉伸出两根长木。架空地板离开地面。占地是由南至北的长方形，在此建有正殿、宝殿等，周围环绕着篱笆、双重木栅栏和板墙。值得关注的是，神宫的旁边还有一块空地，每当式年迁宫时两块地交替使用，不用的作为空地闲置。

“式年迁宫”是指每到一定的年份，就重新建造神殿，让神灵搬迁，也称作式年重建，伊势神宫是每二十年重建一次。通常建筑物的重建

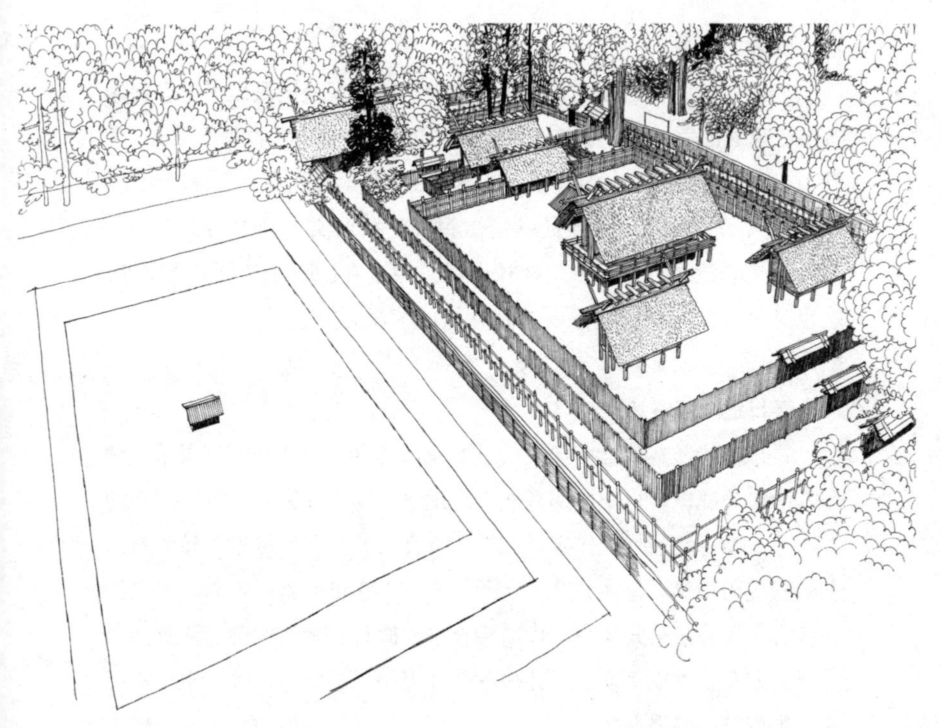

伊势神宫内宫　本宫和旧时的空地

都是因火灾焚毁或因地震坍塌，而伊势神宫则是每到二十年就在旁边的空地上新建一座与以前完全相同的建筑，在完成迁宫后就将旧的拆毁。正因如此，旧的形式才得以几乎没有变化地传承至今。现在实行式年重建的只有伊势神宫（也有的地方以修理取代重建），神社也仰仗这一制度将古老的形式很好地保留了下来。

由于大社造正面、背面的中央柱子保留了支撑栋梁的柱子的工艺，与大尝会正殿（天皇继位时建造的坡形屋顶、乌木立柱的建筑）相似，所以它和看上去继承了古老的居住平面的住吉造一样，传承了古老建制。

神社建筑的各种形式

佛寺的影响

类似住吉大社这样直线型构成的神社建筑很快就采纳了屋脊翻翘等佛寺建筑的手法。但是它又和佛寺建筑不同，首先它没有寄栋造（庑殿顶，四面坡的屋顶）的屋脊，也不铺设瓦块。原则上它不使用土壁。

进入平安时代后，神灵就是佛和菩萨在现实社会中的变身这一本地垂迹说流传广泛，于是神社出现了神宫寺，佛寺出现了镇守寺。这也是佛寺建筑的手法融入神社建筑的背景之一。

春日造和流线造

春日造的形式就是在神殿的正面建造向拜（神殿和佛堂正面阶梯上方伸出的庇檐，也是参谒者礼拜之地——译者注），门开在侧面的山墙上。春日造的代表作春日大社（奈良县）位于平城京三条大路向东的三笠山山麓，基本认定为天平初年（730 年前后）创立。现在的春日大社的神殿形式至少可以追溯至平安时代，木头的部分涂丹漆，屋脊上方有长木交叉伸出，并放置装饰用圆木。最初每隔二十年都进行式年重建，但现在的本殿是文久三年（1863）建造的，式年重建的制度已然消失。

元成寺（奈良市忍辱山町）的春日堂和白山堂皆为春日造的优秀建筑作品，建造于建久八年（1197）至安贞二年（1228）。元成寺本身被认为是建保二年（1214）重建春日大社时的旧殿（春日大社建久八年新建之物——译者注）迁移过去的，因此是现存的最古老的春日造。

切妻造（悬山顶，坡形屋顶）屋顶是平直进出的，将正面的屋顶前方延伸为优美弧线的流线造以贺茂别雷神社、贺茂御祖神社（京都市）的本殿为代表作品。这两座神社都是文久三年（1863）的产物。从神社形式来看，平安时代以后流线造使用得最多，其次是春日造。

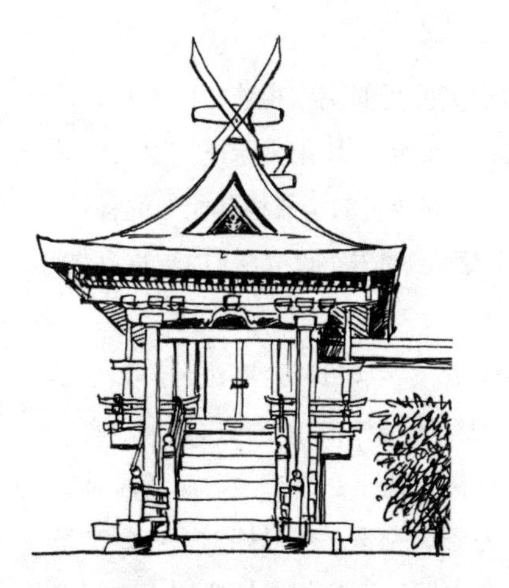

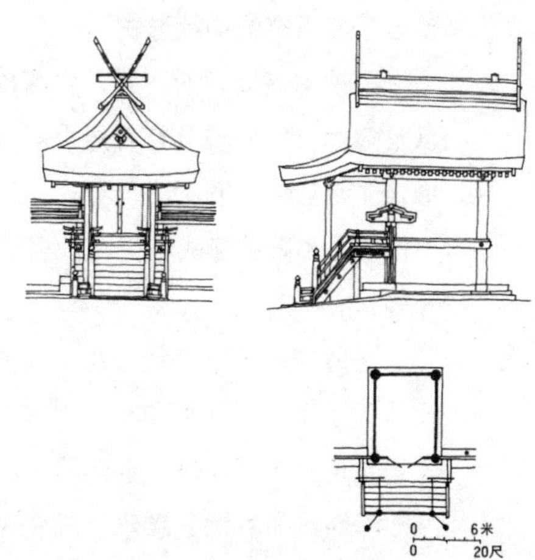

春日造（元成寺春日堂） 外观　　　春日大社本殿 立面（正面和侧面）图、平面图

流线造（贺茂御祖神社本殿） 外观、立面（正面和侧面）图、平面图

千姿百态的神社形式

采纳佛寺双堂的形式、将两栋建筑前后的屋檐相连接的八幡造，以及背面可以展现其特有屋脊形式的日吉造等均创立于平安时代，其形式非常独特。平安时代还出现了与佛寺建筑的构成极其相似的神社，不仅仅是本殿的形式相似，还利用回廊环绕本殿，设立楼门，建造高塔，等等。

严岛神社（广岛县）在平清盛仁安三年（1168）重建时，似乎已经具备了现在的规模和布局，客人神社等是仁治二年（1241），本殿等是元龟二年（1571）重建的。这些神社建于宫岛海边，满潮时神殿浮上海面，随着潮起潮落景观变化万千。无论是布局规划，还是富于变化的创意，都杰出非凡。很多建筑物通过回廊相连接的构成宛若平安时代贵族宅邸中的寝殿造，在住宅史上也相当重要。

神社建筑的形式在平安时代前后完成，中世以后除了一些特殊的形式（如吉备津神社，应永三十二年，1425）以及细部工艺趋向装饰化（如园城寺新罗善神堂，14 世纪后半叶）等外，没有出现大的变化。

八幡造（宇佐神宫本殿） 外观、立面（侧面）图、平面图

日吉造（日吉大社东大宫本殿） 外观、立面（侧面）图、平面图

美丽之门：阳明门

取百看不厌之意，被称作美丽之门的日光东照宫阳明门充分运用了朱、青、绿等颜色，并施以龙、狮子等雕刻，是一扇装饰豪华的大门。

日光东照宫阳明门立面图

东照宫不仅是德川幕府创立者家康的墓地，还是祭祀神格化的家康之灵魂的地方，被称作灵庙。也有人认为阳明门装饰过多，但无论如何对于完成这扇门的木匠的能力都应该加以肯定。

日本的巴洛克式建筑

日光东照宫

进入阳明门后正面有一唐门。此门的色彩和雕刻丰富，工艺极其华丽，堪称豪华绚烂。

元和二年（1616）四月十七日，德川家康在骏府（静冈县）逝去。逝后一度葬于久能山，翌年四月改葬于日光，周年忌的四月十七日举行了迁宫仪式。

第 3 代将军家光自宽永十一年（1634）起，开始实施大规模的改建工程。宽永十三年四月十七日，在家光的亲临下，东照宫举行了隆重的迁宫仪式。迁宫仪式后部分工程继续进行，宽永二十年前后完成了全部工程。现在的东照宫就是这次宽永工程的结晶。承应二年（1653）建起祭祀家光的大猷院庙。东照宫大猷院庙充分发挥位于山坡上的优势，巧妙地利用地势的高低布局建筑物。道路设计刻意追求曲径通幽，当拐过一个弯之后，便呈现出一片截然不同的景致。关键部位设置的阶梯对景观的构成起到重要作用。接连不断出现的建筑物都施有丰富的色彩和雕刻，强调着各自的存在，呈现出建筑群生机勃勃的效果。这也正是其之所以被称作日本的巴洛克式建筑的原委。

日光东照宫唐门　外观

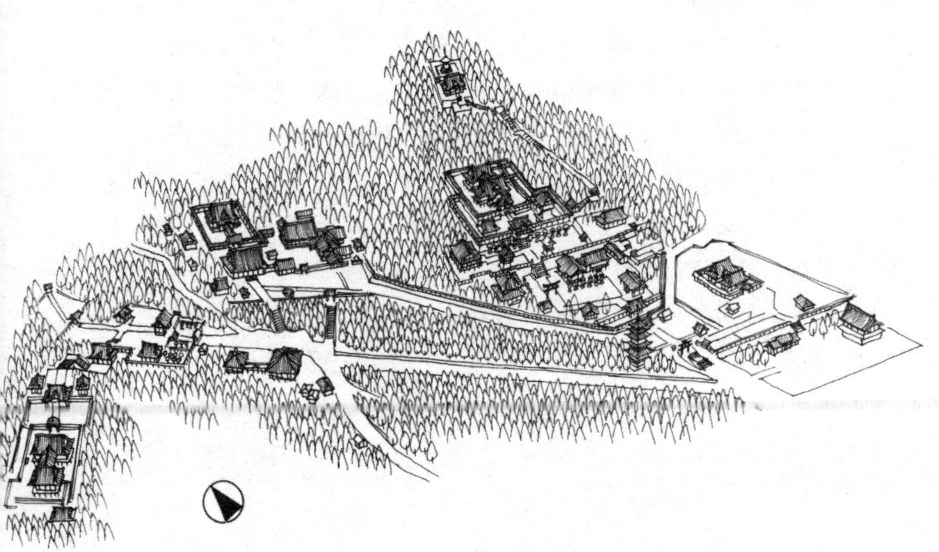

日光东照宫、轮王寺、二荒山神社　鸟瞰

装饰丰富的神社建筑

东照宫所呈现的丰富色彩和布满雕刻的装饰很快就出现在各个地方的神社佛寺建筑中。天明三年（1783）建造的鹫子山上神社本殿（栃木县那须郡），尾椽的前面的龙形图案非常逼真，而且向拜的立柱和横梁上都装点着雕刻作品，其豪华装饰足以令人瞠目。

细部工艺的发展

装饰化的倾向进入江户时代后日趋明显，蟇股在最初仅仅是一部分拥有雕刻图案，到了江户时代末期甚至出现了整个蟇股都附有雕刻的情况。注重蟇股、木鼻等细部工艺成为江户时代后半的一大特色。

木割术（木件比例技术）的诞生

虽然人们注重细部的工艺，但关注整体独创性的努力却并不多见。木割术（木件比例技术），即一种以零部件的比例为基础确定建筑物创意的设计技术，在这个时代普及开来。只要按照模型建造的话，神社的创意就会显现出来。

表述木件比例的书籍称作木割书。这里展示的是描写流线造神社例子的图示。按照图示比例，实际建造的建筑物若大的话，就扩大比例；小的话缩小比例即可。这便是木件比例设计的方便之处。

虽然木匠实际上是根据各建筑物的大小在倾心建造，但是不可否认的是，这种比例设计技术的存在使得统一工艺的诞生成为可能。

倘若建筑物的整体设计不那么追求独创性，那么细部工艺的讲究就是必不可少的。这也是令观赏者满意的实际举措。

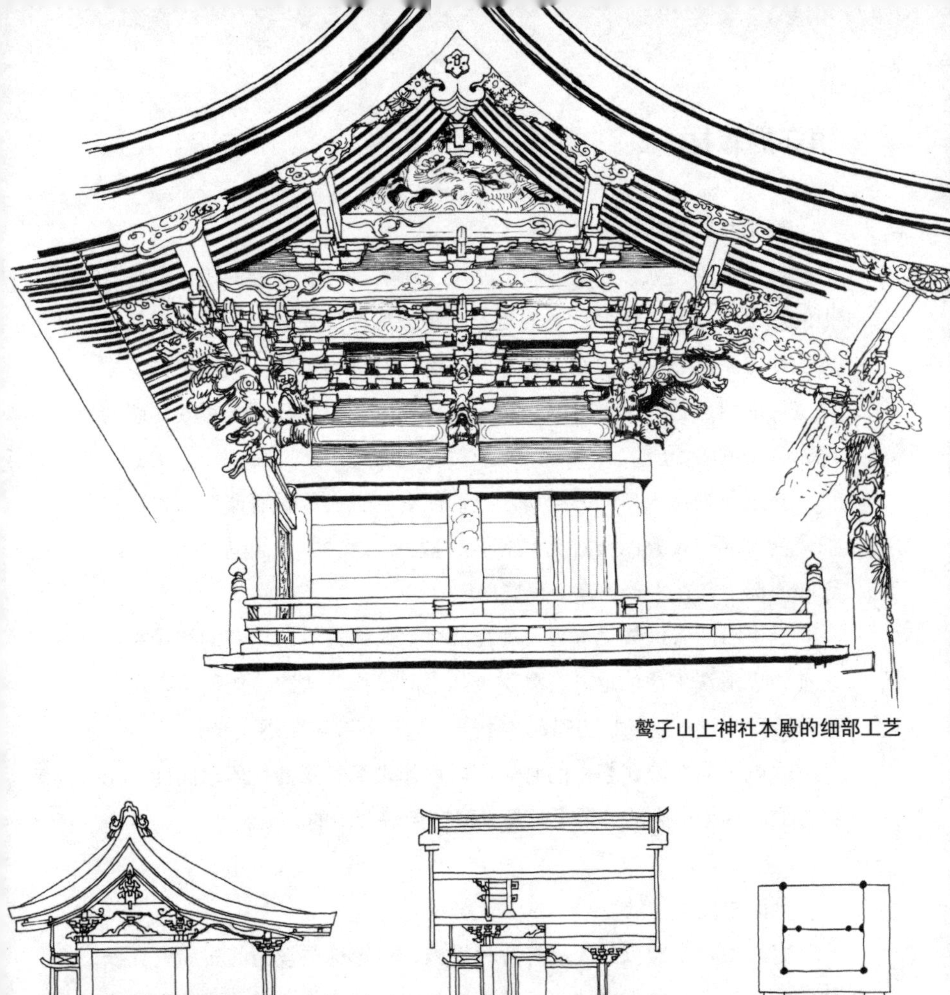

鹫子山上神社本殿的细部工艺

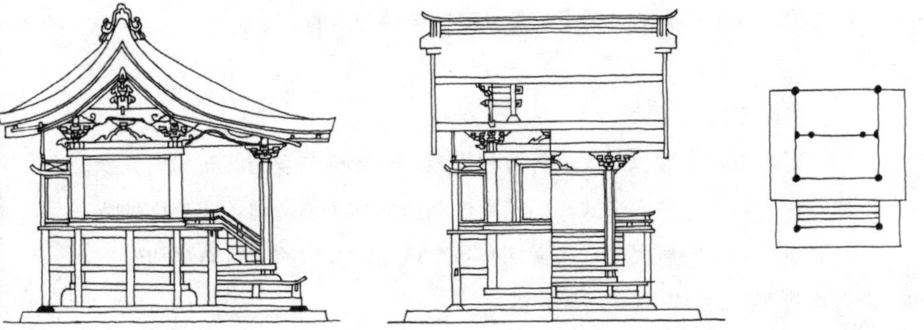

木割书中流线造神殿的设计比例

镇守的森林

祭祀和休憩的场所

日本无论是城镇还是乡村，基本上都有神社。神社的院子既是祭祀的场所，也是孩子们玩耍的地方。神殿后面的森林郁郁葱葱，从很远的地方就能看到。现在森林和庭院都在逐渐地消失，只能说已经成为宝贵的绿色遗产。近世的神社不仅仅是宗教设施，还是百姓休憩的地方、交流的场所。

穿过（神社入口的）牌坊，我们能看到左右放置着两尊石兽，它们是为辟邪而设置的一对类似狮子的猛兽。这种摆设因受中国文化的影响而诞生，在古代的宫中也曾出现过。

登上石阶有一处手水舍（神社前净手的地方），这是向神灵祈拜之前将手清洗干净的地方。夏季炎热之时，掬一捧冰冷的清水，宛若一阵冷风吹过；用长柄勺舀起含上一口，清新凉爽沁透全身。

庭院中的舞殿在祭祀的时候可以用作表演舞蹈的场所，同样，在祭祀的时候抬出来的御轿平时是收藏在御轿舍中的。

地区居民的神社

庭院中除本殿以外还配有各种设施，尽管这些设施的布局以及森林的状态都有固定的形式，但是人们利用地形也创造出各式各样独特的建筑。当地的居民非常喜爱拥有各个城镇、乡村的独特布局和建筑创意的神社，日常对其倍加珍惜。

作为百姓活动场所的神社及其庭院

工匠的世界

工匠的时代

建造寺院和神社的是工匠。近世也是一个工匠的时代，木匠、泥瓦匠、铁匠、石匠、锯匠等各类匠人异常活跃。

“工匠”一词（日语汉字为“職人”）在中世具有广泛的含义，包括医生和商人等。后来词义逐渐缩小，仅指手工业者，其中与建造相关的工匠的活跃情况引人注目。

绘卷中的工匠们

我们以屏风、绘卷、浮世绘中所描绘的工匠的状态为基础，看一下他们劳作时的情况。后面立着的木板上描绘着神社的图案，木匠们似乎在忙着建造神殿。他们光着膀子，挥动手斧，削砍着方形木材。前面的两个木匠在木材上画着墨线，攀上铺木板的屋顶的是修房顶的匠人。还有用锤子击打烧得通红的金属物的铁匠。说到锻造，人们容易想到制作刀具和锄头时的情景，而建筑工程中不可或缺的钉子也是一根一根靠锻冶打制而成的，合页等五金具也都是锻造的重要内容。在没有机械制造的年代，制材需要的锯割技术也是不可或缺的。将泥土揉捏成团，轻轻地扔到墙上，再用抹子涂抹墙壁的是泥瓦匠；将石头一点一点地凿出形状来的是石匠；制作榻榻米的是榻榻米匠；在栏杆和蟇股上施以雕刻的是雕刻师。

除此之外，还有涂漆的漆匠，制作装饰用金属零件的金属匠，制作拉门、隔扇等的门匠，等等——工匠种类不胜枚举。

房顶匠人（东博模本《洛中洛外图》）

榻榻米匠（锹形蕙斋绘《职人尽绘图》）

泥瓦匠（锹形蕙斋绘《职人尽绘图》）

房顶匠人（锹形蕙斋绘《职人尽绘图》）

铁匠（喜多院绘《职人尽绘图》）

雕刻师（锹形蕙斋绘《职人尽绘图》）

木匠（喜多院绘《职人尽绘图》）

锯匠（北斋富岳《三十六景》）

石匠（锹形蕙斋绘《职人尽绘图》）

近世的工具制作技术

工匠和工具

绘画师锹形蕙斋笔触幽默地描绘了工匠们栩栩如生的形象，在他的笔下有四方赤良、手柄冈持、山东京传三个配有文章解说的充满幽默感的《职人尽绘图》。这幅图完成于文化元年（1804）。

右前方用手斧砍削圆木的木匠自言自语着，“午休后再干吧”。左下方扁担挑来的篮子里或许就是午饭吧。这幅图所描写的就是午饭前的情景。

中间的那个木匠用的就是长刨，这说明中世末期才有的这种长刨在近世已经得到普及。

《和汉三才图会》中的工具

近世的木匠工具保存下来的很少，关于当时所使用的工具情况，我们只能通过图画了解一二。

正德三年（1713）完成的百科辞典《和汉三才图会》中记录了大多数的木匠工具。手斧的图画上（原图使用的是釿字）有“釿即手斧，有双刃、单刃之分”的说明等，不仅是图画，还附带有文字说明，这点非常珍贵。

木匠们根据需要，使用各种各样的工具制作精巧的榫卯，完成精密度极高的工作。

除此之外，还有长崎的绘画师川原庆贺描绘的工具图（荷兰国立莱顿民族学博物馆收藏）等。其中所记录的工匠的工作情况，以及所使用的工具，都雄辩地说明了近世的工具制作技术。

木匠（锹形蕙斋绘《职人尽绘图》）

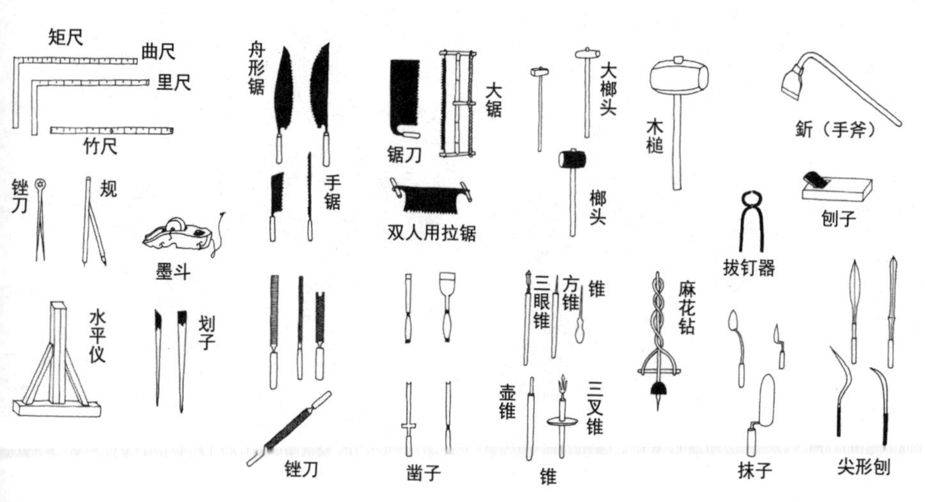

《和汉三才图会》中的工具

房子的建造要以夏日为宗旨。冬季无论哪里都能居住。酷暑时节的不适居所不堪忍受。

（《徒然草》）

兼好法师说房子要适合夏日居住。冬日的严寒是可以设法承受的，但是夏季炎热的房子却难以度过。兼好的这一居住理论应该是针对京都城的住宅而言的。《徒然草》成书在14世纪前半叶、镰仓时代的末期。

“河水滔滔，大江东去。”鸭长明《方丈记》的开篇句也是一种居住理论。《方丈记》成书于建历二年（1212），比《徒然草》早一个多世纪。京都南面、日野山脉的深处长明建有一“方丈（一丈四方）大小，内高七尺”的庵，庵之东侧有3尺余的庇檐，南侧挂竹帘。

建造庵之前，长明居住在京都城。开始时住在祖母的房子里，但很快就搬离了，换成较小的房子。当时的情景是，虽然填平山坡垒砌了围墙，但却没有财力修建门楼，竹柱子建起的搬运栈“每当下雪、刮风时”就寒气逼人。

那么长明乃至兼好所居住并熟悉的京都城是怎样的一座城市呢？那里建造的都市住宅又是怎样的呢？以藤原氏为代表的贵族居住的是“寝殿造”，然而“寝殿造”却无一现存。《源氏物语》的紫式部、《枕草子》的清少纳言，她们所居住生活过的“寝殿造”又是何种样式的呢？

“寝殿造”是以奈良时代的住宅为基础发展起来的。如果关注承袭了寝殿造风格后的建筑，人们会发现近世到中世的书院造是最接近寝殿造的。这一承上启下的脉络进一步发展便与今天的建筑相关联了。

当然，我们也不能忽略与平安贵族、室町将军、德川幕府这些当权者、执政者的住宅有所不同的百姓住宅的潮流。百姓的住宅又经历了怎样的发展脉络呢？它与书院造又有怎样的关联呢？

住宅对始于远古洞穴生活的人类来说，是生活的一项重要因素，这里我们将探寻人类具有悠久历史的居住空间，依据保存下来的遗迹，和未保存下来的资料，追寻历史的足迹，以唤起人们关注住宅层面的资料对于我们特殊而重要的意义。

绳文、弥生时代的住所

原始住所的形态

与衣、食相并列的人类生活必不可少的“住”始于人类出现之时。但是原始时代的住所形态，很多地方还尚不明了。为了躲避风雨，人们恐怕是曾经居住在岩石的后面或天然的洞穴中。他们可能利用树木等身边的材料，建造过仅仅能遮挡雨露的简易住宅。

古代的居住形式竖穴居所是在地下挖出一个 50 至 60 厘米深、直径 5 至 7 米长的圆形或方形洞穴（竖穴），并在洞穴上方架设屋顶，人居住其中。

登吕的住所

登吕（静冈县）的住所是弥生时代（前 300—250）的产物，它底部呈一个椭圆形的平面，长径 8 米，短径 6 米，周围有两层大约 30 厘米高的板壁，板壁的中间放入泥土。住所地面和地表同高，因此它不属于竖穴居所，而是平面住所，但是使用方式却和竖穴居所相同。在 4 根插入地面的立柱上架上横梁，椽子一直要铺设至填放泥土的板壁处，在椽子上方铺上茅草以作屋顶。室内有炉。

也有将地面架高，把木板组合建造成类似仓库的建筑。这是用来储藏稻谷等收获成果的。架设上木材砍削后制成的楼梯，为了防止老鼠上去，还安装了防鼠的挡板。构成四壁的木板在四个角处组合起来，其组合的方式非常巧妙，展示了当时木匠高超的技术。

弥生住所的建造方式（推测）

复原后的弥生时代的住所（登吕遗址）

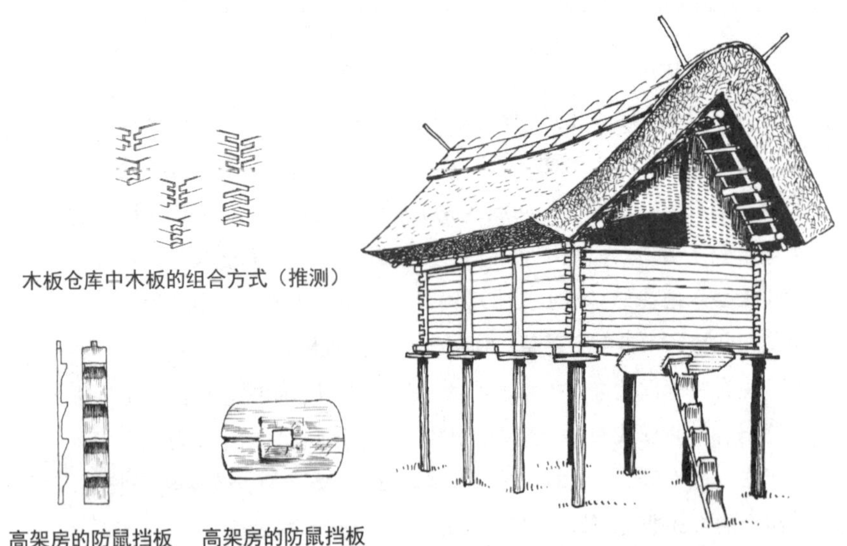

木板仓库中木板的组合方式（推测）

高架房的防鼠挡板

高架房的防鼠挡板

复原后的弥生时代的高架房（登吕遗址）

弥生、古坟时代的住所复原资料

以出土资料为参考

竖穴居所的平面形态通过发掘已经基本判明。但是屋顶等构造还没有正确的答案。发掘的立柱等木件以及立柱洞穴的情况等虽然可以用作参考资料，但仅凭这些还不足以正确判定屋顶。

香川县出土的铜铎上描绘着开弓狩猎、用臼捣谷物的图画等，其中还有被认定是高架住所的图画，这些均为了解屋顶等房屋外观的资料。弥生、古坟时代也有过使用山墙外立柱的阶段。唐古遗址出土的陶器碎片上也留有高架住所的线雕，上面是两个人在攀登楼梯。

家屋文镜（奈良县北葛城郡河合町的佐味田宝塚古坟出土的日本制青铜镜）上描绘着两栋高架房、1 栋平地房、1 栋竖穴的图样。赤堀茶臼山古坟出土的房形埴轮是由 8 幢顶部竖着长木的房子等构成的。东大寺山古坟出土的太刀上镮头的装饰中包含了房子的形态。所有这些都是了解古坟时代居所外观的重要资料。

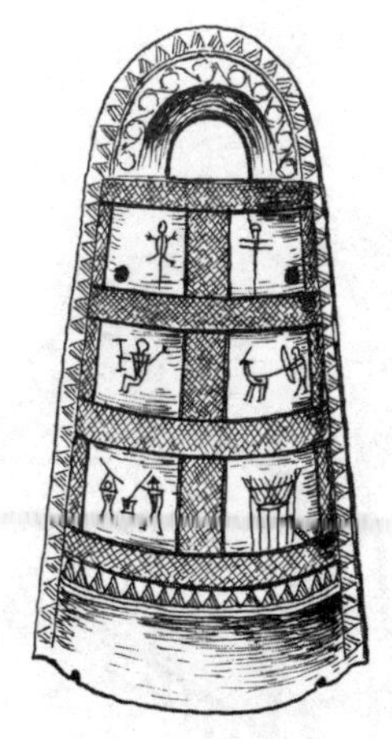
铜铎的花纹

铜铎花纹部分扩展图

高殿之图

江户时代的制铁技术书籍《铁山秘书》中描绘了制铁用的临时小屋高殿之图。小屋以 4 根插入地面的立柱为主，样子和登吕住宅的平面非常吻合，登吕住宅就是参考这幅图复原的。此外，阿依努族房子的构造也是先支撑起两组 3 根柱子构成的人字形支架，然后再架设栋梁，这些为我们了解竖穴居所提供了很好的参考。

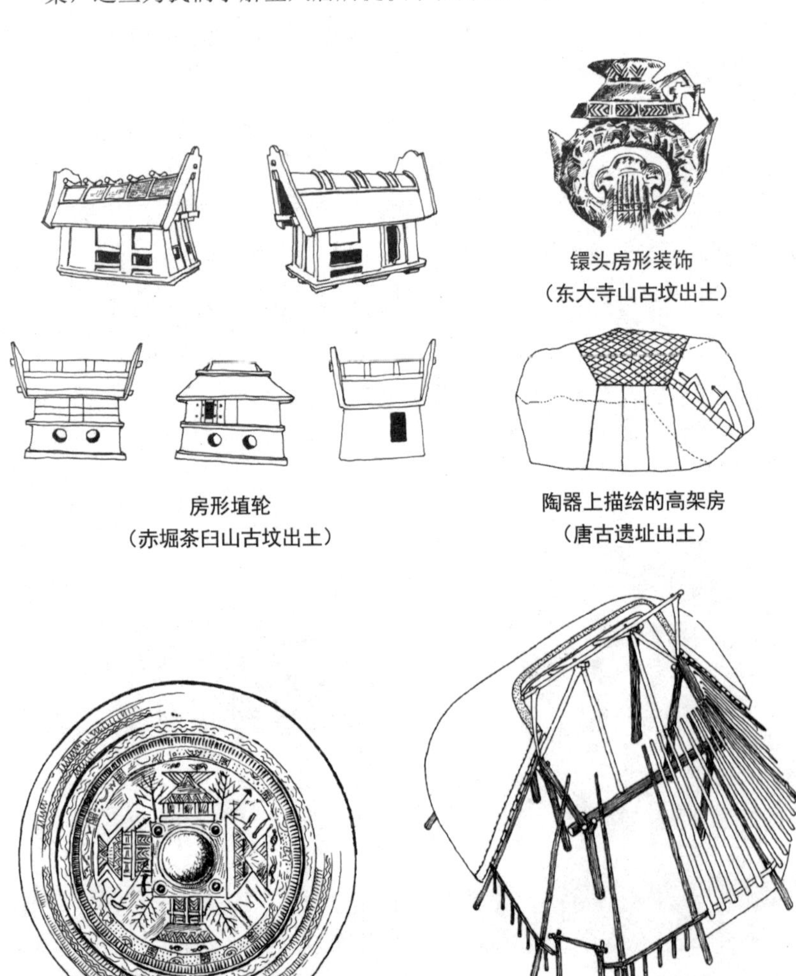

镶头房形装饰
（东大寺山古坟出土）

房形埴轮
（赤堀茶臼山古坟出土）

陶器上描绘的高架房
（唐古遗址出土）

家屋文镜

高殿之图（《铁山秘书》）

宁乐之都

平城迁都

和铜元年（708）二月十五日，元明天皇颁布昭告从藤原京向平城迁都。九月二十日，天皇巡幸平城之地，三十日任命两名造平城京司长官。

和铜三年三月十日，迁都的日期来临。“置飞鸟明日香故里而去，此处君或将不复重见。”（《万叶集》）据说这是迁都之际天皇眺望亡夫草壁皇子之墓所在的真弓丘时吟诵的句子。迁往新都的喜悦自不必说，但同时远离长期亲切熟悉的藤原京的悲切也确是无从掩饰。

都市建设工程在迁都后依然继续。和铜四年九月，颁布了禁止被迫参与工程劳动的人们逃跑的敕令。迁都凭靠着各地召集而来的农民等民众的辛勤劳作而支撑着。

适合建造帝都的地方

《续日本纪》中说，平城之地“合四禽图，作三山镇，龟筮皆顺，宜建都邑”，是都市建设的合适之地。所谓四禽就是青龙、朱雀、白虎、玄武四种神兽，据说中国的思想认为“东有河川，西有长道，南有低湿之地，北有山丘”这样的地方便是四神相应之地，适合建立帝都。

南下平缓的辽阔平原的确适合建造都市，加之此处位于大和盆地的中央北部，是交通要冲，很适合作为政治的中心之地。

平城京和平城宫

平城京的南端、现在的大和郡山市设罗城门，从那里向北有一条宽 85 米、长约 4 公里的笔直朱雀大路，其北端是朱雀门。

朱雀门的里面就是平城宫。南北宽 1 公里，东西长 1.25 公里的宫城中心是理政及举行仪式的朝堂院，朝堂院北边是太极殿院。为迎接平城迁都而建造的朝堂院和太极殿院，后来在圣武天皇迁都恭仁京（今京都府木津川市）时似乎已经解体。当圣武天皇将都城再度迁回平城时，在原址的东侧又重新建起朝堂院和太极殿。早先的称作第一

次，后来的称作第二次。

都城东西长约 4.2 公里，南北长约 4.7 公里（除此之外，右京北侧还有北边，左京的东面还有外京），都市设计工整划一，道路井然宛若棋盘。都市最繁荣的时期约有 20 万人居住。上图是从西面看到的宫城周边情况。中央是西池宫的园地，左侧（宫城的北侧）是宇和奈边古坟和小奈边古坟。

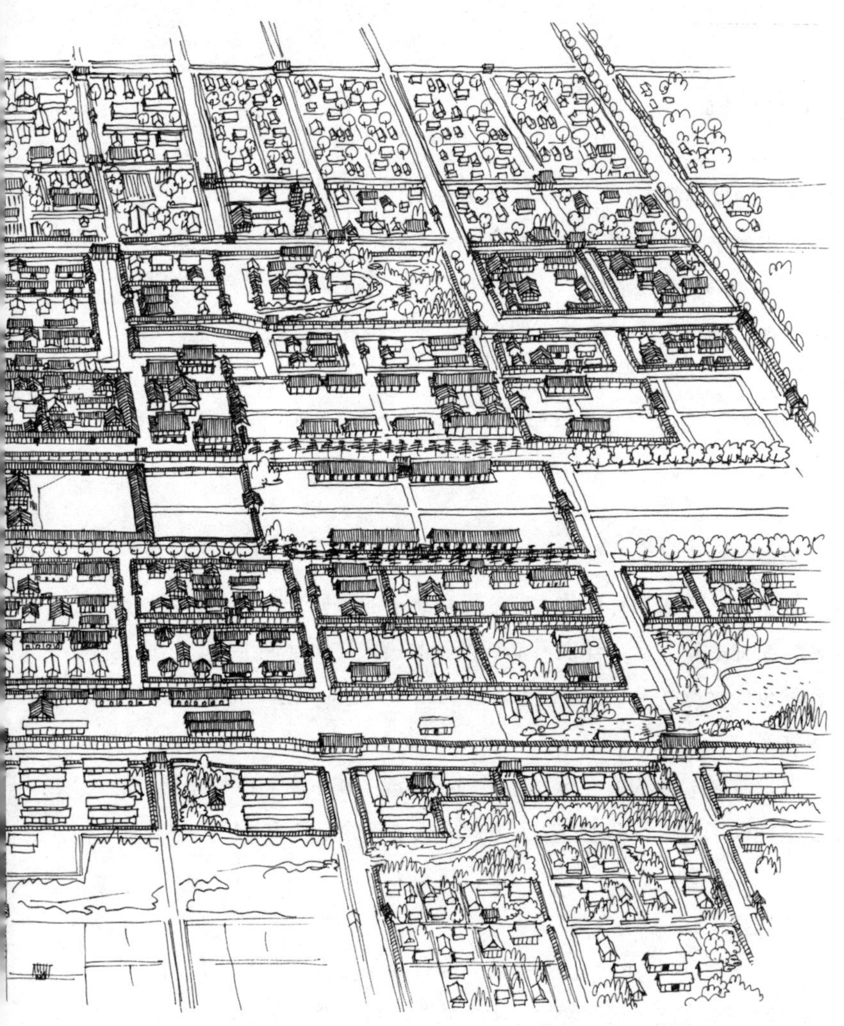

平城京（从西面看到的宫城面貌）

沉眠地下的古都

延历三年（784），都城迁往长冈。以荣华而骄傲的“宁乐之都”也在四十多年后变成了一片田野。

现在都城遗址的发掘调查正在进行，沉眠于地下的大都市的形状逐渐明朗。此外，现如今的奈良市还是平城京的左京及其以东部分的所在地。

古代的都城

最早的规划都市

日本最早的规划都市是难波京（今大阪——编辑注）。大化元年（645），因大化改新，人心焕然一新。他们离开了一直作为都城的大和之地，在面向大阪湾的交通便利之地（现在的大阪市）建起新的都城。

天智六年（667）都城移至大津，持统四年（690）再次回到大和。这就是藤原京。

藤原京和平城京

被亩傍、香久、耳成的大和三山环绕着的藤原京，进行了律令国家建设事业的重整后，洋溢着清新气氛的白凤文化灿烂绽放。然而这一都城也仅仅持续了十六年，和铜三年（710）迁都平城（奈良古称——编辑注）。

藤原京被东面的中之道、西面的下之道夹在中间，而与此相对的平城京则以下之道为中轴，东西方向之长达到藤原京的两倍。

平安京

天平十二年（740），圣武天皇颁布命令迁都恭仁京。但是天平十六年却移都难波，这期间也往来于紫香乐宫和平城京。

延历三年（784），都城迁至长冈。但是都城建设持续十年之久终未完成，延历十三年（794）又迁往平安京（京都古称——编辑注）。这之后平安京历时千余年，一直延续了都城的称号。

如果将难波、藤原、平城、长冈、平安各都城在地图上描绘出来的话，人们便可以看到它们都是规模宏大的计划都市。

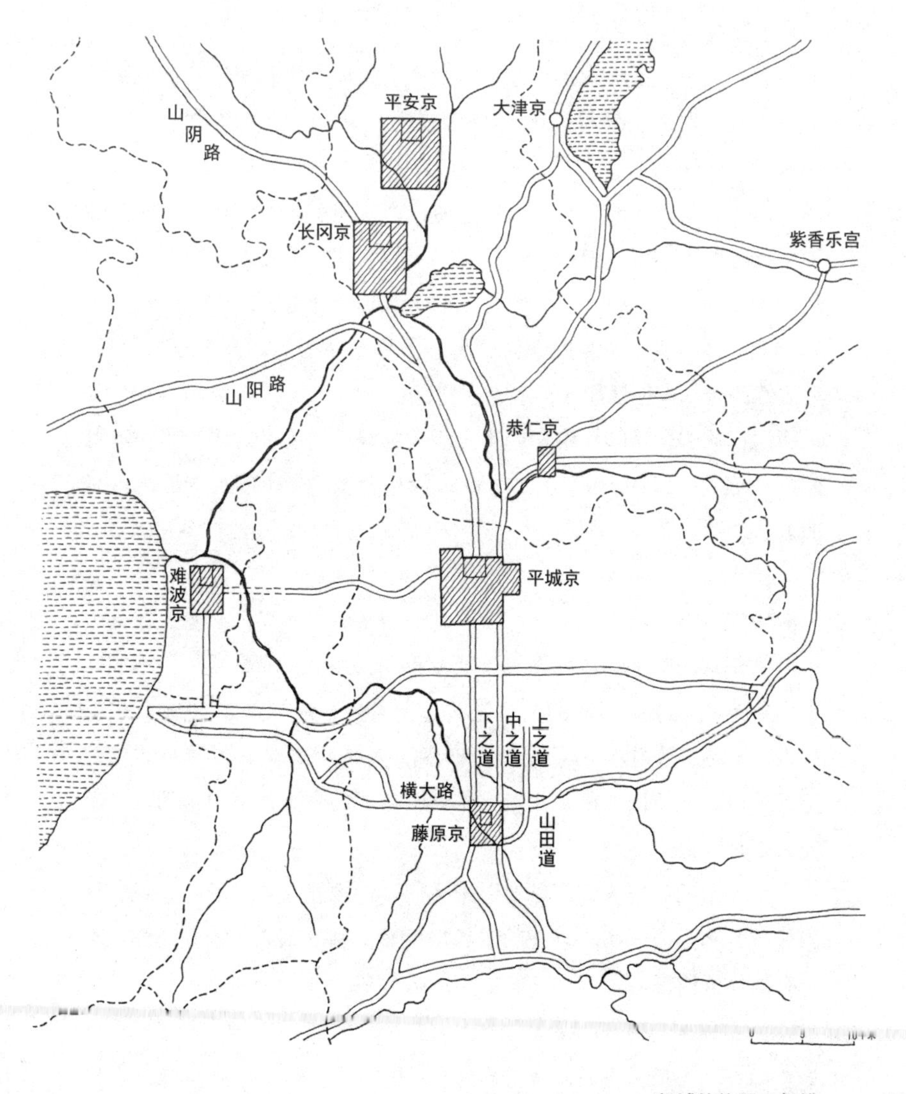

都城的位置和规模

平城京和平安京

平城京

平城京基本呈长方形，东西宽约 4.2 公里，南北长约 4.7 公里，中央的朱雀大路以西为右京，以东为左京。右京的北侧为北边，左京的东侧为外京。

南北 9 条、东西 4 坊由大路连通。南北和东西的路相交叉的范围为 1 个区划，1 个区划称作 1 坊。每 1 坊中南北、东西又各有 3 条路，划分为 16 个片，每个片（1 坊的 1/16）称作坪或町。1 坪约 40 丈（约为 120 米），从一条路的中心到另一条路的中心的距离为 45 丈，靠近大路的一片占地就相应地减少一些。

据记载，奈良时代中期的实力派人物藤原仲麻吕的住宅田村第有 4 町之大，占 1/4 坊。有实力者或位阶高者被赐予宽绰且靠近平城京的方便之地。

平安京

平安京的整个都市规划和平城京也非常相似，只是有一点不同，平安京町的大小与道路的宽窄无关，无论何处都是 40 丈见方。也就是说，平城京从道路中心到另一条道路中心的距离宽 45 丈是固定的，而平安京却是不固定的；平城京 1 町（坊）的大小是不固定的，而平安京则是固定的。

平安京的朱雀大路北端有一朱雀门，门内设皇居（天皇、皇后等的住所）和办公场所。现在的京都御所建于南北朝之后，并非当年平安京的位置所在。

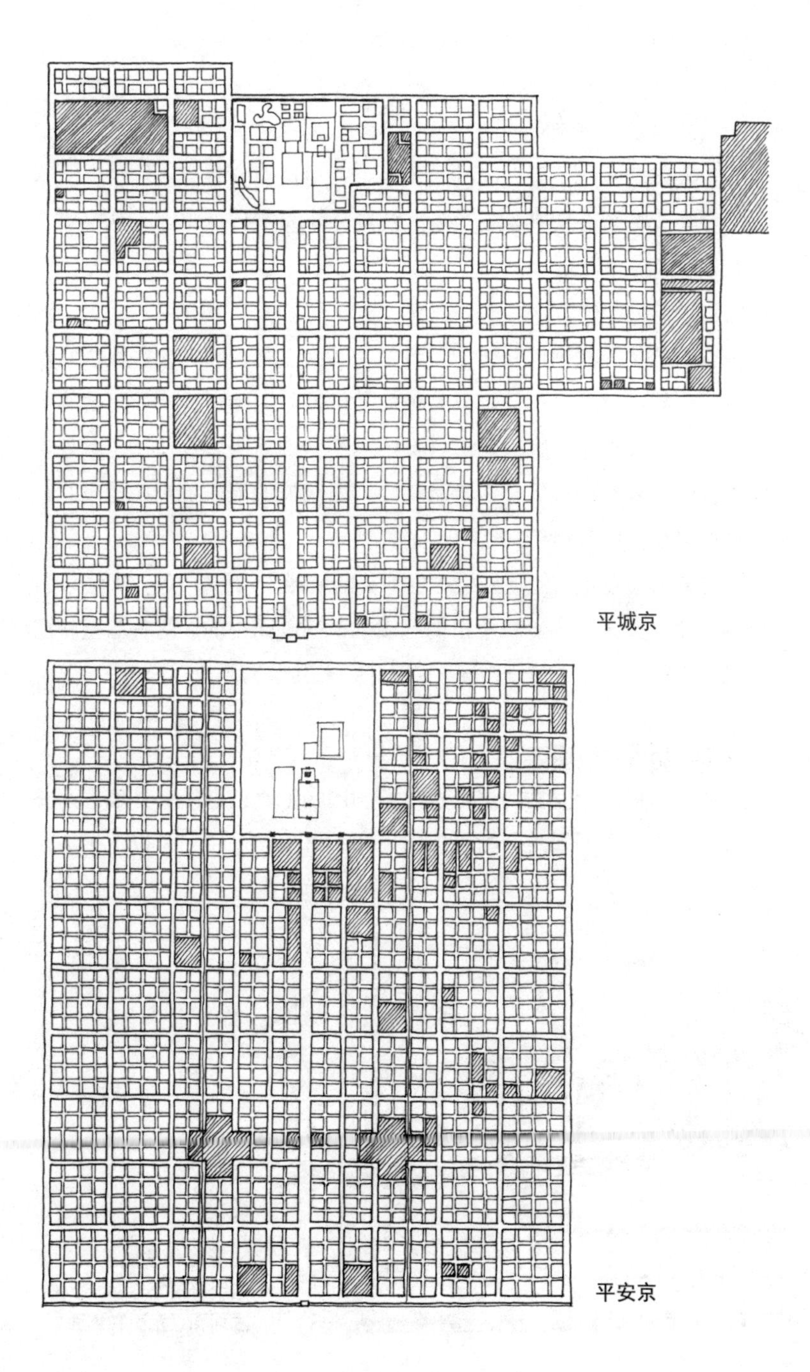
平城京
平安京

奈良时代的住宅

法隆寺东院传法堂

“霞光映青山，奈良之都繁荣昌盛，恰似花开香溢。”歌中所吟诵的奈良都城现存的唯一建筑就是法隆寺东院的传法堂了。这座建筑原是橘夫人的宅邸，天平十一年（739）迁移至此。橘夫人是光明皇后的母亲橘三千代。

现在的传法堂横向长 7 间，纵宽 4 间，平瓦、圆瓦交替铺顶，丝毫看不出以前的住宅痕迹。只是地面是架高后的木板，而当时的佛殿则是泥土地面，没有木板，这一点暗示着它的前身曾是住宅。此外，当以拆卸修理时的研究资料为基础，对搬迁前的原建筑进行复原时，人们可以清楚地看到它就是一座住宅。

复原后的建筑物屋顶为桧树皮铺就的坡形顶，横长 5 间，纵宽 4 间，山墙一侧有宽阔的铺着竹苇帘的缘廊。横向 5 间中的 3 间有墙壁和门的封闭部分，2 间只有一部分有墙壁和门，其余为开放部分。

带池塘的庭院遗迹

奈良市尼之辻发掘的遗址由池塘和围绕池塘的建筑、外墙、水井等遗迹构成，表明那是一幢贵族的宅邸和庭院。这座宅邸位于平城京

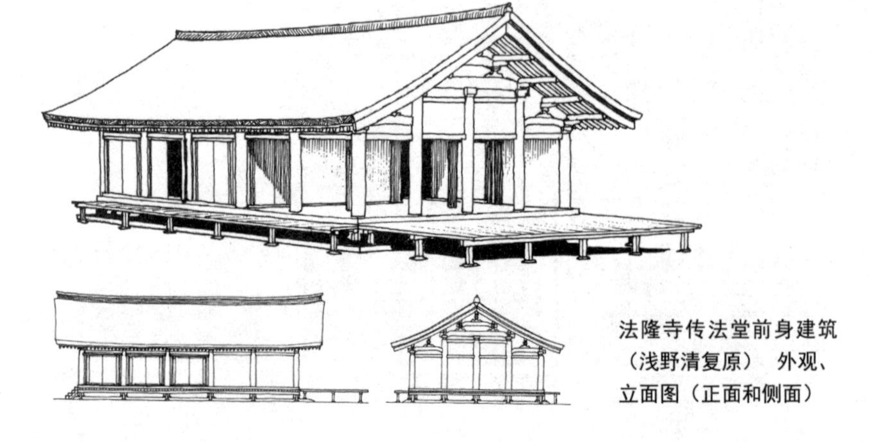

法隆寺传法堂前身建筑（浅野清复原） 外观、立面图（正面和侧面）

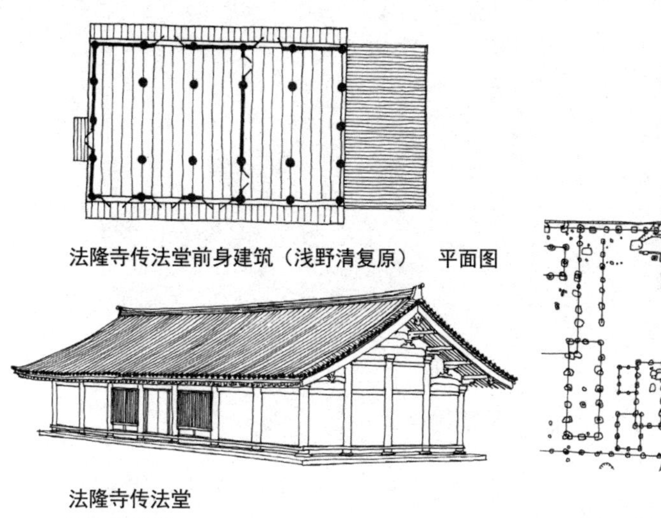

法隆寺传法堂前身建筑（浅野清复原） 平面图

法隆寺传法堂
现在的外观

奈良宅邸的庭院
（平城京左京三条二坊六坪的遗迹）

左京的三条二坊六坪，附近还有藤原仲麻吕的宅邸。庭院中铺着玉石，池塘风雅，边缘立着石头，可以推测贵族曾在这里举办过“曲水之宴”（古代朝廷的节庆之一：三月三日桃花节时，朝臣们临流水而坐，赏花赋诗）。

藤原丰成殿

天平宝字六年（762），藤原丰成宅邸的建筑从近江紫香乐宫搬迁至石山寺。《正仓院文书》中有搬迁时的记录，根据这份记录建筑物得以复原。藤原丰成殿横长 5 间，纵宽 3 间，室内全部铺地板，没有房间分隔。四周缘廊环绕，前后的缘廊宽阔。关于庇檐，《正仓院文书》中记载只有一处，但这或许是误记，因此复原时选择了前后两处庇檐的方案。当然也有按照史料所记载，认定应该只有一处庇檐的复原方案。

藤原武智麻吕的长子藤原丰成生于庆云元年（704），天平感宝元年（749）升任右大臣，进入朝政中心。他反抗弟弟仲麻吕（惠美押胜）得势，于天平胜宝九年（757）策划打倒仲麻吕，失败后被降职为大宰员外帅（大宰府长官大宰帅的次官，也称大宰权帅）。他在紫香乐建造别邸，应该是天平十三年至十七年任职紫香乐宫时的事情；而将其搬迁至石山寺，则应是遭遇降职后，称病隐居难波时的事情。

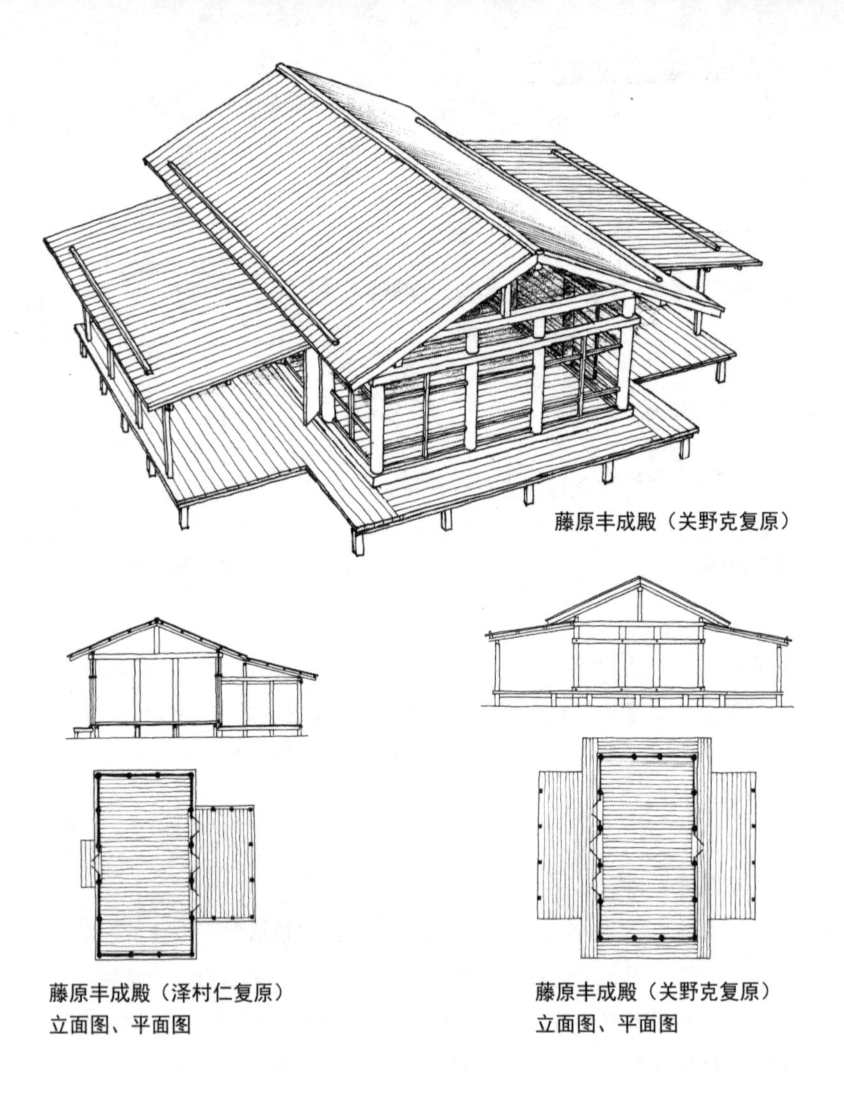

藤原丰成殿（关野克复原）

藤原丰成殿（泽村仁复原）
立面图、平面图

藤原丰成殿（关野克复原）
立面图、平面图

寝殿造的先驱

传法堂的前身建筑和藤原丰成殿，在其各自的宅邸内，到底是做什么用的目前尚不清楚，正因如此，它们才是更加珍贵的资料。

由封闭的和开放的两部分构成的平面构造，铺了地板的室内，以及庇檐的情况，被认为与之后的平安时代的寝殿造是相关联的。

左京三条二坊六坪带池塘的庭院也可以看作寝殿造带池塘庭院的一种先驱性的存在。

京都城

平安京

延历十三年（794），都城从长冈迁至山背国、平安京。直到明治元年（1868）迁往江户（东京）之前，平安京在千余年的漫长历史中始终都是都城。

平安京东西约 4.5 公里，南北约 5.2 公里，朱雀大路将其分成东西两个部分，南端设罗城门。后来左京称作洛阳城，右京称作长安城。但由于地势低洼潮湿，右京渐渐凋敝，人口集中在左京。“京”指的就是左京，京的街道称作洛中就源于此。

“沿大路而上，翠柳妖娆，鲜花怒放。”一边观赏着《催马乐》（宫廷古乐雅乐的唱曲之一）中唱到的柳树，一边沿朱雀大路向北行进就到大内里（宫城，以皇居为中心的官府各部门所在地）了。大内里东西占地 8 町（约 1.1 公里），南北占地 10 町（约 1.4 公里），内有称作内里的天皇的住所和举行仪式的场所。

现在的京都御所和这里所称的内里位置有所不同。因为这里所称的内里曾经因火灾焚毁，在重建的一段时间里，摄政、关白等外戚（天皇母亲方面的亲戚）的房子成为临时内里。这一临时内里称作里内里。元弘元年（1331），光严天皇的里内里土御门东洞院殿成为皇居，之后这个地方一直被用作皇居。

平安神宫（京都市）是以《年中行事绘卷》和江户时代的研究人员里松光世固禅的《大内里图考证》为基础，将平安京大内里的一部分缩小至约 2/3 后复原的。在那里可以缅怀平安时代朝堂院的时光。

都市的文化

关于平安京的人口有各种说法，藤原氏鼎盛的 10 世纪前后，大约有 15 万人在此享受都市的生活。街道上商铺林立，在人们的喧嚣中都市文化逐渐形成。

在都市与乡村的对比下，诞生了“雅”这一强烈体现都市文化的概念，贵族考究的生活方式和超前的思想支撑着这一概念的存在。

室町时代末期的平安京
（《洛中洛外图》屏风）

商业的发达

与藤原京和平城京相同，平安京也在左京和右京各设一处官营集市（东市和西市），销售日常用品。随着右京的凋敝，西市衰落，东市也逐渐失去其本来的功能，成为祭祀的场所，商业中心转移至街区。这里的街区指的是东西方向及南北方向道路的交汇处，特别是二条、三条、六角、锦小路、四条、七条等各条街道，热闹非凡。

洛中的人们

室町时代末期的《洛中洛外图》描绘了京都市民们热衷祭祀庆典的状况。年轻人牵拉祭祀用的彩车，男女老少簇拥围观，整个都城洋溢着活力。

彩车由街区负责管理，人们竞相将彩车装点得更加华丽。室町时代末期，构成都市的居民组织已经完成，在经济上也充分具备了举办此类祭祀活动的能力。

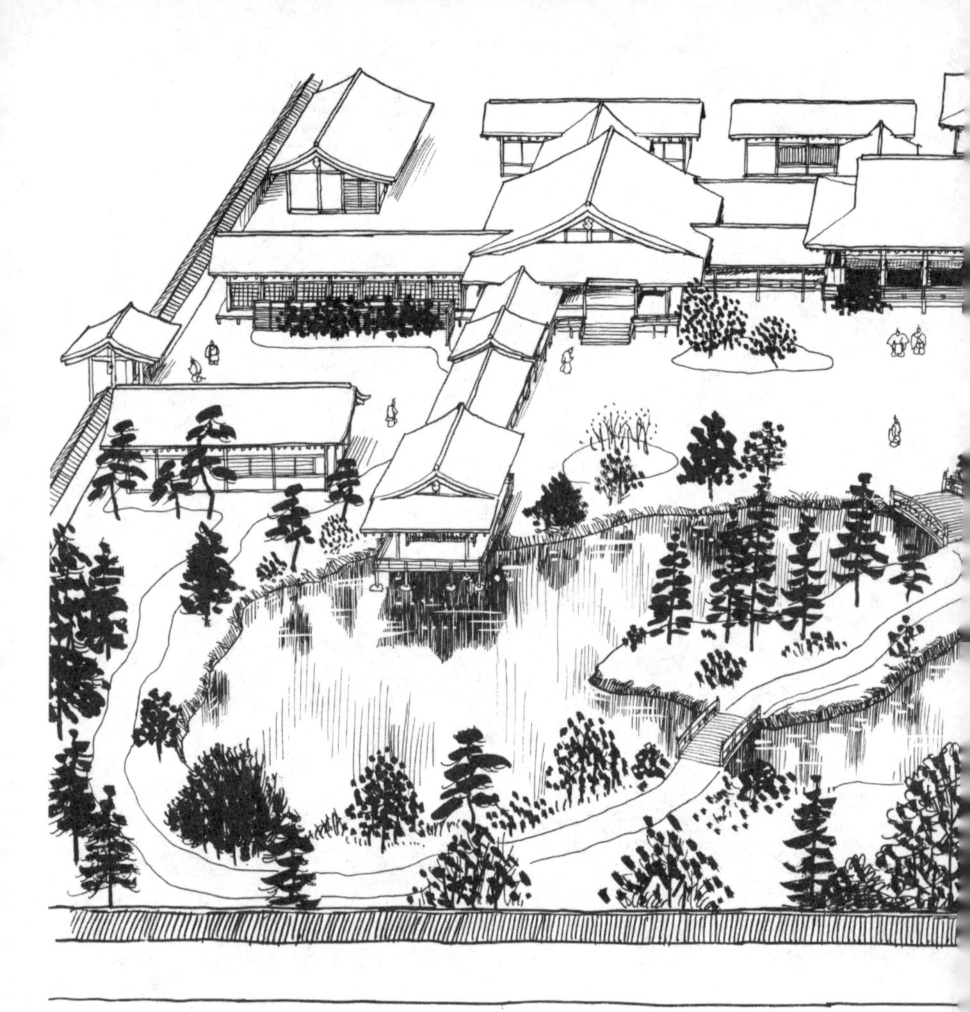

法住寺殿（依据《年中行事绘卷》复原）

寝殿造

平安贵族的住宅

平安时代贵族住宅的核心是被称作寝殿的主房，这种住宅形式称作寝殿造。寝殿朝南，前面有一大的庭院，是表演舞蹈和举行仪式的场所。庭院的南面挖有池塘，池塘中建有小岛，四周堆有适宜的假山，山上种植树木。小岛和假山就是用挖掘池塘的土建造的。从池塘边到小岛架有桥梁，池塘中可荡舟游玩。

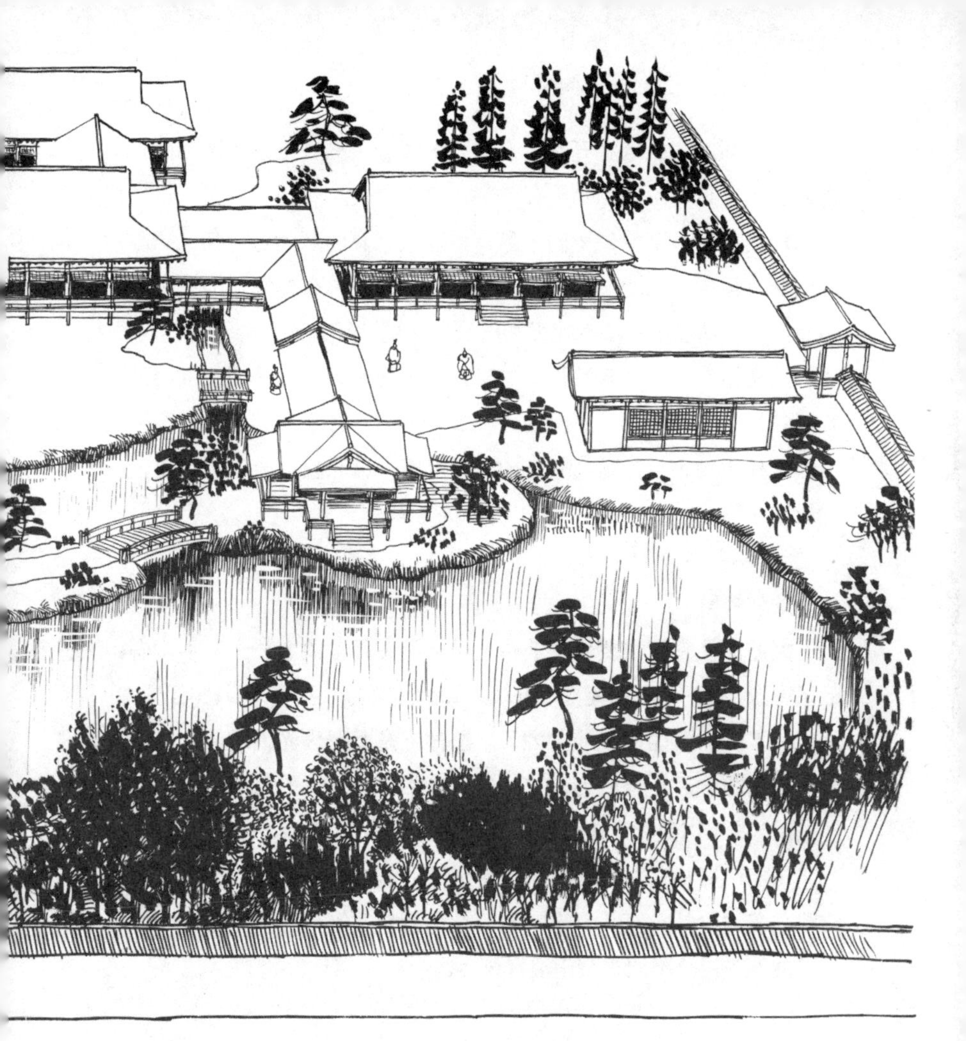

建筑和占地

寝殿是主人的建筑，也是迎接来宾以及举行仪式的场所。寝殿的东、西、北面建有对屋，靠长廊连接。位于东面的对屋就叫东对，位于西面的叫西对，如果坐落在东北，就叫东北对。长廊从对屋向南延伸，最前面是临池塘而建的钓殿。长廊中间开了一扇门，称作中门。因开中门，所以廊也称作中门廊。

标准的宅邸占地是1町（约120米）见方，但是如同藤原氏历代宅邸东三条殿那样，也有东西1町、南北2町的情况。四周建有泥土墙壁，东西的泥土墙上开有门。东西的每一个门（东三条殿为东门）皆为正门，其反面的门就是后门。

门的内侧是存放牛车的车店，可存放来宾随从的随身物品。除此之外还有侍廊、东北对等建筑，由长廊连接。整个建筑群的占地通常为北高南低，坡度和缓，北面的溪流自然地被导入南面的池塘。

最初，人们认为建筑物左右对称为理想布局，但是调查判明后的实例并没有左右对称。其原因之一就是由于不开设南门，东西两处门中的一处成为正门，正门所在的一面为表，其相反的一面则为里，左右很难对称。

法住寺殿

复原法住寺殿主要依据的资料是《年中行事绘卷》，从形状看，除了寝殿、西对、东小寝殿（东对）、北对等外，还有东钓殿和西钓殿，是配置齐备的富丽堂皇的大宅邸。法住寺是藤原为光入道（三位以上的皇族出家）后，捐宅为寺，它位于京都市下京区的三十三间堂（莲华王院）的东南处。后白河法皇在此建造了东殿、南殿、三十三间堂等。

东中门廊从东对的西南角向南延伸，前方就是位于中岛之上的东钓殿。东钓殿是一座具有十字形特异平面的建筑，与池塘融为一体的风雅世界在四个不同季节中展露风姿。

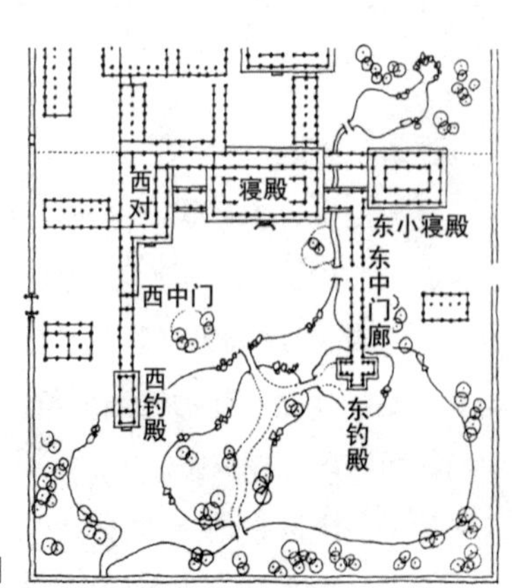

法住寺殿布局图

平安贵族的居住空间

绘卷上的寝殿造

寝殿造的建筑现在无一保存下来。通过发掘调查，我们可以清晰地了解建筑物的占地、庭院以及建筑平面等情况，但是建筑物的立体状况和室内情况却无从了解。《年中行事绘卷》《源氏物语绘卷》等描绘了立体的、具有门窗等隔扇和家具的室内情况，也描绘了生活的状况等，是非常宝贵的资料。

《年中行事绘卷》中的“朝觐行幸图”描绘了后白河法皇的法住寺殿，以及应保三年（1163）正月，二条天皇前往后白河法皇的御所法住寺殿，在寝殿的南庭观赏舞蹈时的情景。所谓朝觐行幸，是指天皇前往父帝和母后的御所，并共同进餐。

服饰设计竞赛

寝殿中央上台阶后是天皇和法皇的观赏席位。柱子和柱子之间应该有隔板，只是被拆除了，大概是影响观赏吧。寝殿缘廊的左侧（西侧）和它西面的透渡殿是公家（朝臣）就座的地方。身着束带的公家身后拖曳着的长长的衣摆就挂在缘廊的栏杆上。身位越高的人衣摆越长，按照规定冬季为白色，夏日是暗红色或淡紫色，但是在举行仪式时允许穿着各自喜欢的颜色的下袭（穿在袍内的内衬）。悬挂在栏杆上的鲜艳的下袭体现了每个人对美的追求，营造出一种服饰竞赛的气氛。寝殿的右侧挂有竹帘，可以看到竹帘的后面女官们的着装。女官们穿着多件打褂，颜色协调。如果说栏杆上的衣摆是男性们的服饰竞赛，那么竹帘后的衣装便是女性们争奇斗艳的方式了。

庭院的池塘上有小船飘荡，中岛上有临时的演出用后台。小船属龙头鹢首船，船头是一只龙头和一只鹢首（一种想象中的水鸟，有类似鹈的白色羽毛）的雕刻。

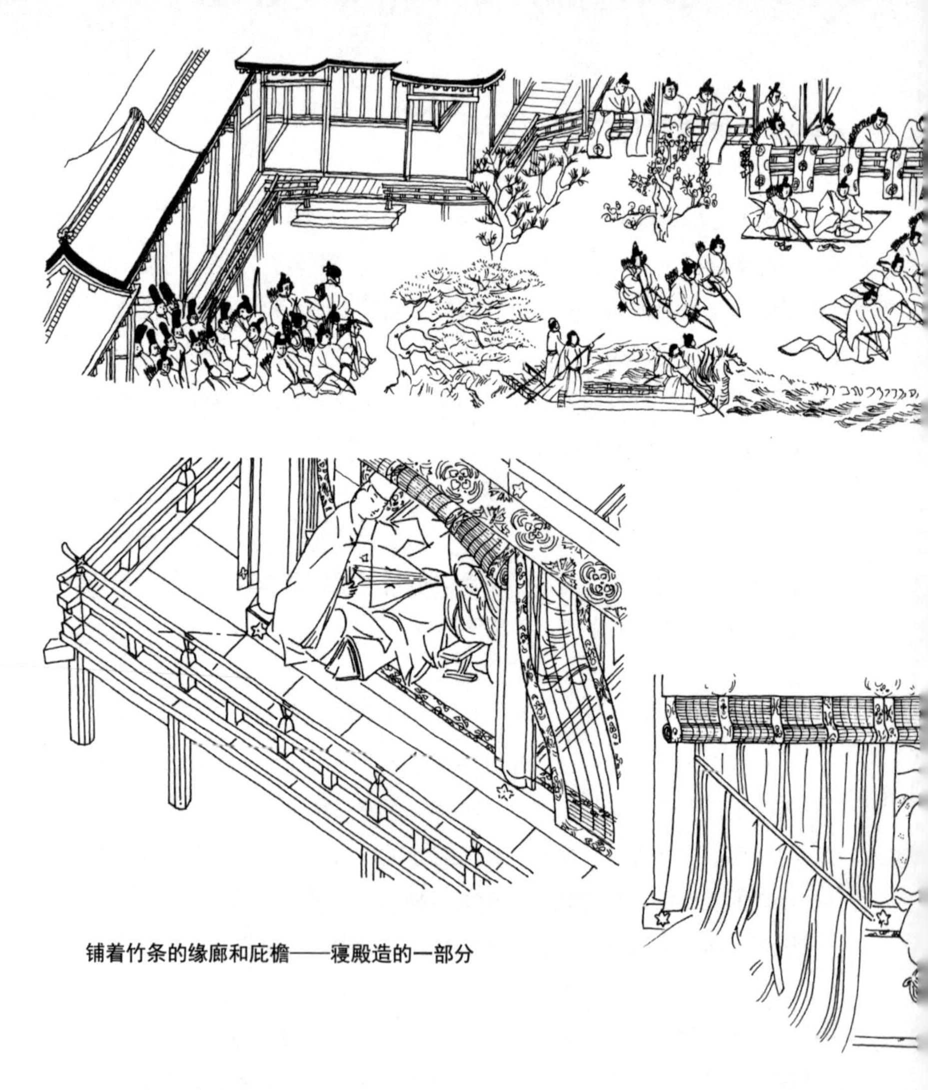

铺着竹条的缘廊和庇檐——寝殿造的一部分

寝殿造的隔扇和家具

《源氏物语绘卷》和《紫式部日记绘卷》等描绘了门窗等隔扇、家具以及生活的状况。

缘廊上的地板是一条一条的竹板条铺成的，重要的地方有栏杆环绕，室内铺有榻榻米。榻榻米并非所有地方都铺，而是根据需要铺在落座和就寝的地方。

隔扇有开关式和推拉式的木板门，有上面糊纸的拉门，还有一面是四方格子、另一面是木板的木门。房间内的分隔很少有固定的，

法住寺殿（《年中行事绘卷》）

幔帐、屏风、软帘——
寝殿造的日用器具

推拉式木门、糊纸的拉门——
寝殿造的门窗隔扇

人们将折叠式、平开式屏风、幔帐（一个底座、两根细柱，柱子上方架设横木，然后挂上布帘）、软帘（竹帘加布幔）等放置于需要的地方。这些东西只能遮挡视线，对隔音、防寒没有任何作用。有说法认为这个时代的妇女之所以穿着多层衣装，就是因为室内过于寒凉。当时取暖设备只有炭炉和火盆，冬季的确十分寒冷。

《源氏物语》的作者紫式部与《枕草子》的作者清少纳言，就是在这样的寝殿造中生活，并开创了文学天地的。

京都的街道（《年中行事绘卷》）

中世都市的百姓住宅

百姓住宅

有关中世百姓住宅的资料非常匮乏，只能凭借屏风和绘卷的描绘，以及发掘调查的结果加以了解。

通过《洛中洛外图屏风》我们大致可以了解室町时代末期京都的状况，而《年中行事绘卷》则描绘了比室町时代更早的京都商铺。《年中行事绘卷》是 12 世纪后半叶在后白河法皇的指示下完成的，宽永

福冈（冈山县）的街道（《一遍上人绘传》）

奈良近郊的街道（《信贵山缘起绘卷》）

三年（1626）在后水尾天皇的命令下又完成了摹本。现在保存下来的只是摹本的一部分，原本已经全部遗失。摹本所描绘的内容揭示了平安时代的状况。

大多数商铺有两处门面，一处是入口，另一处用作铺子和店堂。入口处挂有幌帘，第一间房间是泥土地面，后面的一间才是铺着地板的房间。墙面贴着竹片和薄板的编织物，有一部分墙面安装的是板壁。房顶铺的是木板，压顶的是圆木。

地方街道

关于地方的都市，我们可以看一下《一遍上人绘传》所描绘的冈山县福冈的情况。画面上描绘的是一遍上人来到集市喧闹的街头，路遇武士手持长刀、蛮不讲理的场面。商人的店铺是直插式立柱加木板顶的简易房，与旁边房子的分隔也是木板墙。商品主要是布匹、大米、鱼鳖等，鱼铺中的砧板上似乎还放置着切割好的鱼肉。还有一个男人将鱼系在竹扁担的两端，担在肩上。商铺前在草席之类的铺垫上用升称量的恐怕就是大米吧。

建筑物之简易甚至令人觉得那只是为集市而临时建造的。但是必须承认的是，地方的街道就是这样一番景象。

《一遍上人绘传》完成于正安元年（1299）。当看到绘卷中描绘的远离镰仓的街道场面时，从政治中心地镰仓的角度出发，不免有一种过于闲散的感觉。但是认为全国都拥有像京都这样的商店街则是错误的，另外，百姓的房子也是非常简朴的。

《信贵山缘起绘卷》则描绘了奈良近郊的商铺。右面的房子侧面清晰可见，房子的构造（纵深 4 间，中央两间为主屋，前后均建有庇檐）一目了然。右侧面向道路的一面为表，其另一面是庭院。

左面的房子大门处挂了幌帘，里面是泥土地面。通向房子里面的楼梯口处，一只猫睡在那里。窗口有挑起木格子的窗扇，我们可以看到里面格子木板的隔扇。房子的立柱是直插地面式的，房顶铺木板，墙壁则为泥土的。

《信贵山缘起绘卷》完成的年代并不清楚，通常认为是 12 世纪平安时代末期。绘卷为大和风格，人物描绘栩栩如生。

上页 3 幅图画所描绘的商铺与贵族寝殿造的豪华程度相距甚远。尽管这些都是都市建筑。我们必须认识到，都市以外的百姓住宅大多数比这 3 幅图画所描绘的情景更加简朴。

武士的宅邸：从中世到近世

京之馆

京都室町将军的公馆是基于公家的传统建造的，它的构成以寝殿为核心。但是建筑物渐渐地依功能而分化，用于武家会面仪式（武家的重要仪式之一，在确立和认可主从关系时举行）的会所等独立建筑便很快建造了起来。

《洛中洛外图屏风》描绘了细川管领（管领为统治者之意）的宅邸，其占地的左侧为庭院，右侧为建筑物，在建筑物中可以眺望庭院。玄关和大门都在右前方。

这种布局和近世的二条城二之丸御殿的布局（p91）非常相似。为迎接宽永三年（1626）后水尾天皇的行幸而修整完善的二条城，原来的房顶铺的是桧树皮，而现在是瓦块了。这样就更接近中世管领宅邸的氛围了。

形似大雁飞行队列的建筑物布局和庭院等，也充分说明了近世是建立在中世的基础之上的。

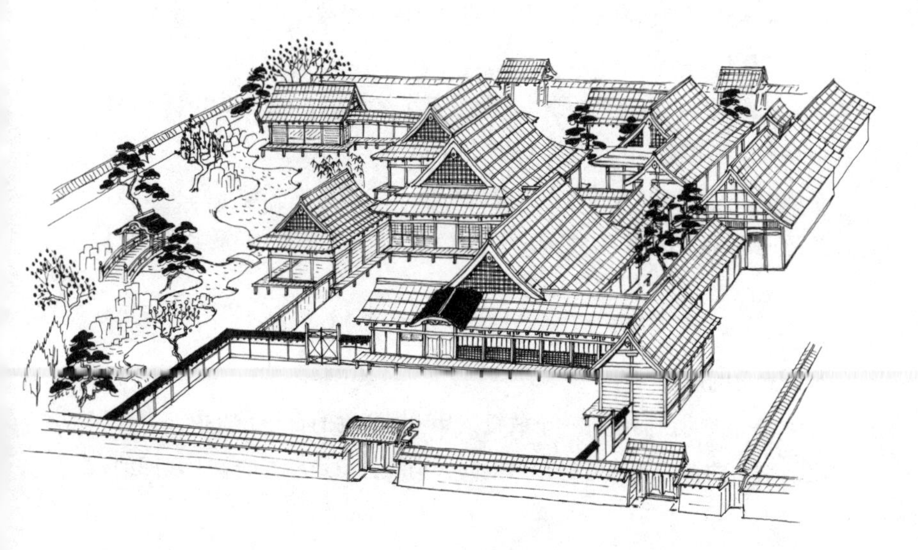

细川管领宅邸（上衫《洛中洛外图屏风》）

武家的仪式空间

家康的会面仪式

庆长八年（1603）四月四日，德川家康在二条城与公家和大名们会面。会面的场所将上段间、中段间、下段间 3 间房间连起来使用。家康落座在上段间的中央位置，旁边由义演准后陪坐。义演准后是醍醐寺三宝院的僧侣，也是家康的智囊之一。

中段间中从家康的位置看过去，右侧坐着乌丸光宣（权大纳言，正二位，55 岁）、广桥兼胜（权大纳言，正二位，46 岁）、飞鸟井雅庸（参议，从三位，35 岁）、劝修寺光丰（参议，从三位，29 岁）、京极高次（参议，从三位，40 岁）5 人；日野辉资（权大纳言，正二位，61 岁）、山科言经（前权大纳言，正二位，61 岁）、前田利长（中纳言，从三位，41 岁）、松平忠吉（侍从，从四位下，21 岁）、毛利辉元（中纳言，从三位，50 岁）、细川忠兴（参议，从三位，40 岁）等 6 人坐在左侧。从官位和年龄可以看出，这一座次如实地反映出每个人所处的地位。官位和阶位高的坐上席，相同情况下年龄长者坐上席。像松平忠吉这样的情况是因为他是德川一族的缘故，享受了超越阶位和年龄的席位。

下段间中，右侧坐的是水无濑亲具（入道，52 岁）、中山庆亲（权中纳言，从三位，38 岁）、京极高知（侍从，从四位下，31 岁）3 人；左侧坐的是池田辉政（侍从，从四位下，39 岁）、福岛正则（侍从，从五位下，42 岁）、毛利秀元（参议，正三位，24 岁）、最上义光（侍从，从四位下，53 岁）等 4 人。

严格的座次

每个人的前面都有一个放置菜品和馈赠物的台子。上段间家康和义演前面的台子是四方的，中段间人们的台子是三方的，下段间的人们的台子是带腿的。所谓三方指的是前面、左面和右面的三方带凹形边饰木板的台子；四方则是后面也带凹形边饰木板，即四方皆有凹形。而带腿的台子指只有左右两边带凹形边饰木板。放置物品的台子就是这样依座次而区分的。

二条城

这里提到的二条城是指自庆长六年（1601）到翌年，由家康建造的城堡，位置相当于现存二条城二之丸的地方。现存的二条城是为迎接宽永三年（1626）后水尾天皇的行幸，于宽永元年破土建造的。这座建筑利用家康建筑的立柱等，对原有建筑进行了彻底的改造。从立柱留下的痕迹看，现在的由两间房间构成的大客厅，以前曾经是三间房间。它的前身就是家康于庆长八年举行会面仪式的场所。

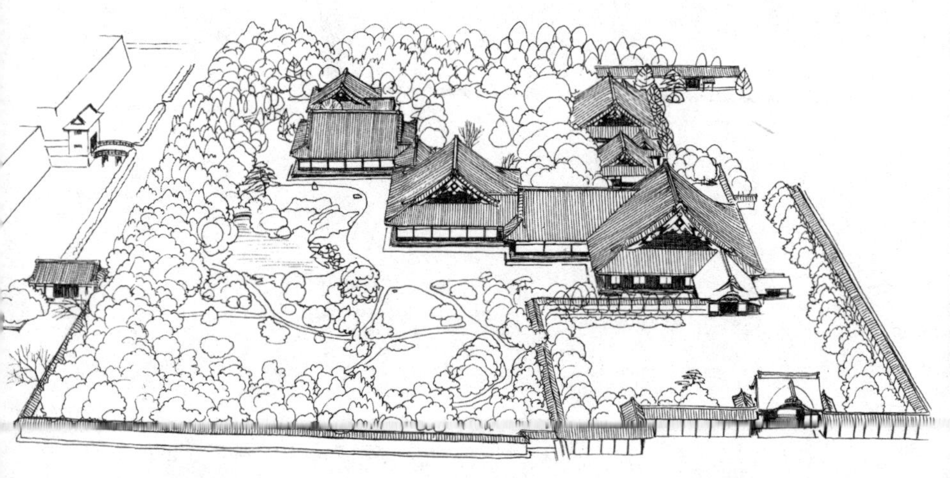

二条城二之丸殿

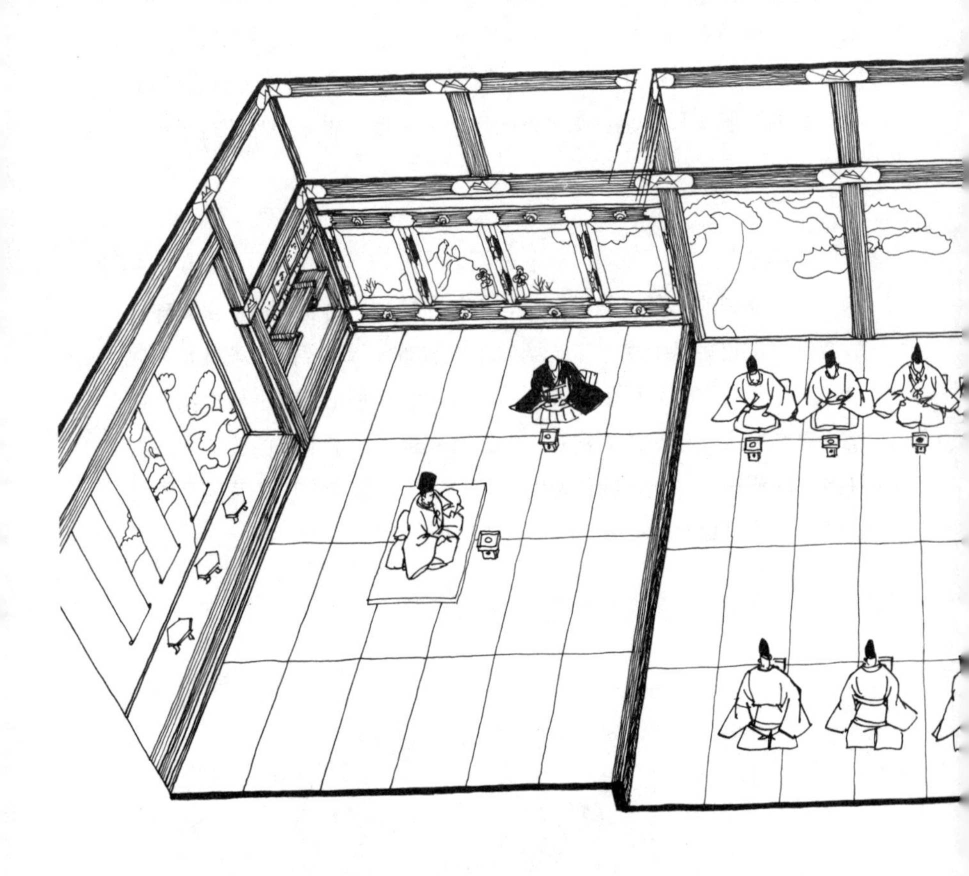

前面所谈到的座次排列是根据列席人员义演和山科言经日记中的详细记载判明的。通过他们的日记，我们得以了解当时武家最重要的仪式——会面仪式时的情景。

与公家和大名会面的德川家康（建筑物为二条城大客厅的前身，壁龛、多宝格架、储藏柜与壁画、拉门绘画的一部分都保持了原样）

会面仪式后，家康从下段间走出。下段间的前面有一能乐舞台，接下来家康将观赏能乐表演。大名和公家也全部移至下段间观赏。能乐在当时是公家和武家重要的招待形式。

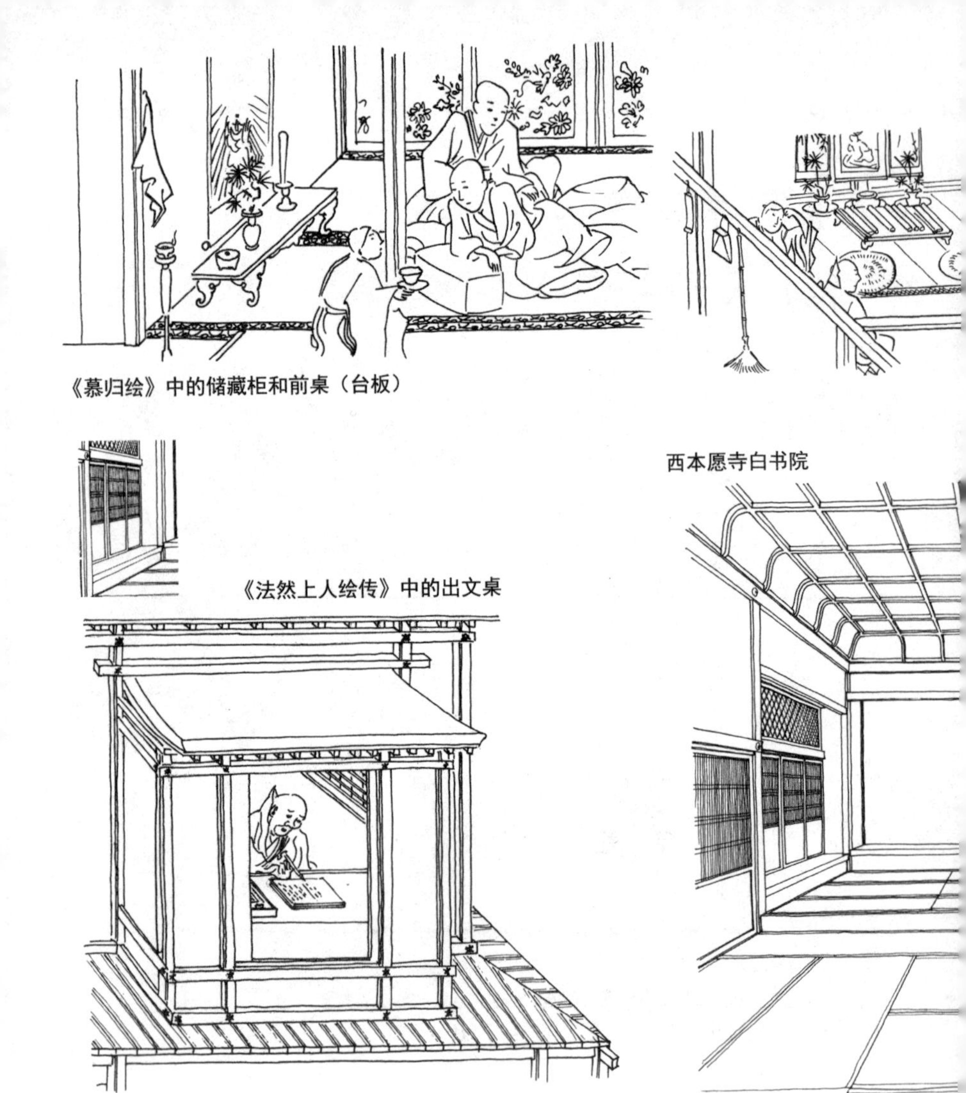
《慕归绘》中的储藏柜和前桌（台板）

《法然上人绘传》中的出文桌

西本愿寺白书院

书院造和客厅装饰

书院造

主房间中具备壁龛、多宝格架、固定几案、储藏柜（都称作客厅装饰）的建筑形式称作书院造。以上 4 种装饰并不一定齐备，只具备壁龛的也可以称作书院造。书院造的立柱是四个角落都略微削去一点的角柱（这种做法称作取面），室内铺榻榻米，隔扇为推拉式。

《慕归绘》的前桌（台板）　《慕归绘》增补部分的壁龛（台板）

《春日权现验记绘》中的多宝格架

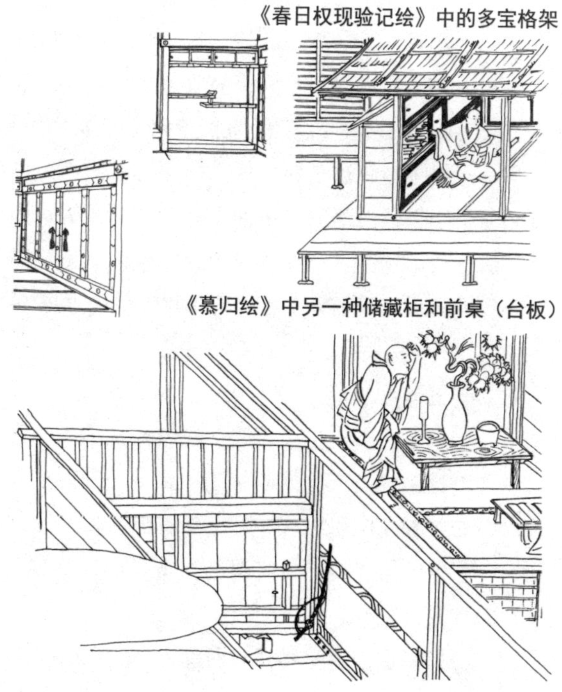

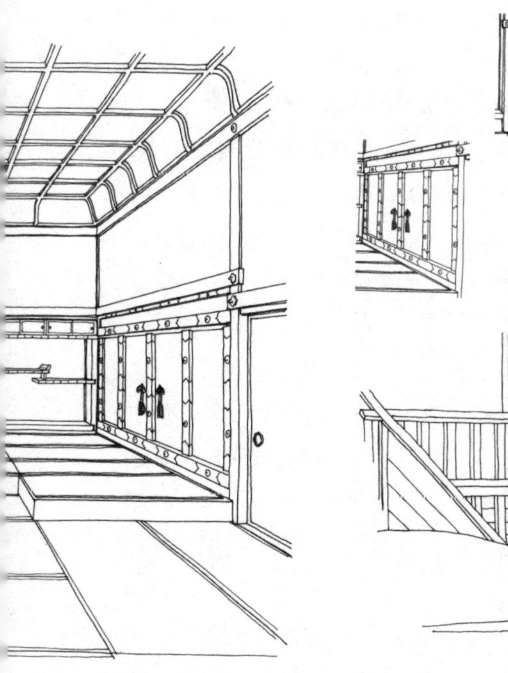

《慕归绘》中另一种储藏柜和前桌（台板）

客厅装饰

壁龛是《慕归绘》（14 世纪中叶创作的描绘本愿寺三世觉如的传记）中描绘的前桌（墙壁上方挂佛像，前面放置桌子，桌子上放置花瓶等）的一种固定形式。《慕归绘》是观应二年（1351）绘制的，当时壁龛的前桌还没有固定下来。同是《慕归绘》，文明十四年（1482）增补的部分中就有了固定的壁龛，至少人们了解到在这个时候出现了固定的壁龛。

现在通常称作“壁龛”（日文写作“床之间”）的地方大多数情况只有一张榻榻米大小，“床之间”就是有加高地板的房间之意，当年的壁龛的纵深也比现在浅一些，大多数情况只铺了进深60厘米左右的木板。这一木板就叫作“台板”。

架子（多宝格架）最初是移动式的，后来变成了《春日权现验记绘》中所记载的那种固定的形式了。多宝格的名称源自架子中格子的高低不同。

几案就是将书桌固定下来，再延伸至外面的一种形式（出文桌），装饰透明的窗扇也是为了吸收室外的照明。《法然上人绘传》中就描绘了僧侣在伸出到缘廊的固定的“出文桌”上行笔的情景。

储藏柜起源于寝室的入口，《慕归绘》中描绘了四周封闭、只有一个小入口的房间。房间中立着一把长刀，因为是封闭的房间，所以适合收纳物品，或许当时也用于收纳贵重物品吧。储藏柜同时也称作收纳，就是源于寝室也可用作收纳房的意思。

三具足

壁龛、多宝格架、几案在特定的约束下装饰绘画和器物。壁龛上方悬挂两幅、三幅或四幅为一组（一对）的绘画，其前方放置香炉，左右放置花瓶和烛台。这三种器物就叫作三具足。

书院造起源于室町时代，最早的建筑有慈照寺东求堂同仁斋、妙心寺灵云院等。

书院造作为一种样式而确立并广泛应用，是在近世初期。

西本愿寺白书院

西本愿寺白书院的建造年代不详，初步判断是近世初期的建筑。其客厅装饰非常完善，点缀着绘画和雕刻，体现其豪华的意旨。壁龛前面的10铺席榻榻米进一步提高了地板的高度，这一地方称作上段。特别是有一铺席榻榻米大小的地方伸向了下段（折上段），体现了古典的形式。

提高地板高度是为了体现坐在那里的人员的身份和阶位之高。

书院造及其木割

劝学院和光净院的客殿

近世初期的书院造的例子有园城寺（大津市）的劝学院客殿和光净院客殿。劝学院客殿建于庆长五年（1600），光净院客殿建于庆长六年。两座客殿的主间里都有一大的壁龛（劝学院宽 2.5 间，光净院宽 2 间），南面有宽阔的缘廊，中门向南伸出。东面有上下车的门廊，以及阶梯和唐破风。

劝学院和光净院的房间构成和主建筑的客厅装饰（劝学院只有壁龛，光净院有壁龛、多宝格架、几案、储藏柜）虽然有所不同，但类似东侧（正面）的装饰等相似的地方很多。

主殿之图

担任江户幕府大栋梁这一职务的平内家世代相传的《匠明》一书中，有一幅以“昔六间七间主殿之图”为题的藏图。“六间七间”是指平面的大小 6 间乘 7 间的意思，而“昔”是指比写作《匠明》一书的庆长十三年（1608）更早的时间。藏图的平面与光净院客殿的平面非常一致，因此可以认定光净院就是这一时代的典型建筑。

木割和木割书

《匠明》是一本关于木割的书籍。所谓木割就是以立柱的粗细为基准，按照比例安排木件的尺寸；将这些木件尺寸以书籍的形式汇总在一起的就是木割书。木割书的目的即按照木割比例设计建造形式美观的建筑。

木割诞生于室町时代，在木匠家族中以秘传的形式传承。进入江户时代中期后，随着木版印刷书籍的出版，木割法得到广泛普及。只是我们不能认为江户时代的建筑都是以木割技术为基础建造的，木割技术不过是一种范本而已。

《匠明》是日本最古老而全面的木割书籍，它由《门记集》《社记集》

园城寺光净院客殿　外观

园城寺光净院客殿　上座间

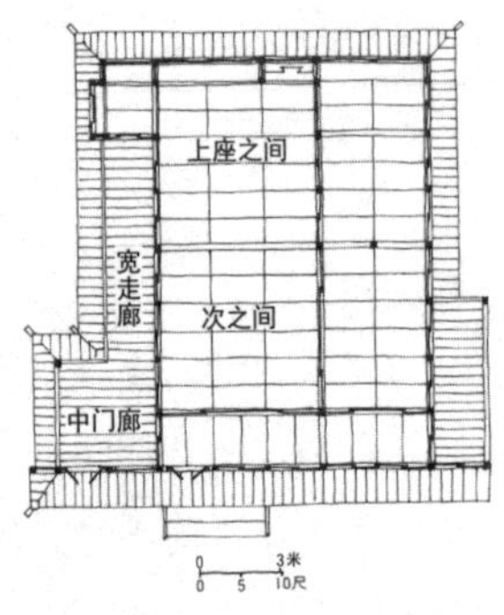

园城寺光净院客殿　平面图

《塔记集》《堂记集》《殿屋集》5卷构成，分别记载了门、社殿、塔、佛堂、住宅的木割法，主殿之图记载在《殿屋集》中。

《匠明》的作者是平内吉政和平内政信父子。书的后记中有庆长十三年秋和庆长十五年春的年纪。现存的《匠明》并非原本，而是摹本，从内容上看应该不会早于元禄年间。

木件的比例

如果柱子间的尺寸（从柱子的中心到柱子的中心）为 t 的话（当时通常是6尺5寸），地板的宽就是 $2t$，侧面架子的宽为 t，长押内侧的尺寸（门槛到门楣）也是 t。如果柱子的粗为 a 的话，a 就等于 $1/10t$，那么柱面的宽度就一定是 $1/7a$ 或 $1/10a$（这称作取7面或取

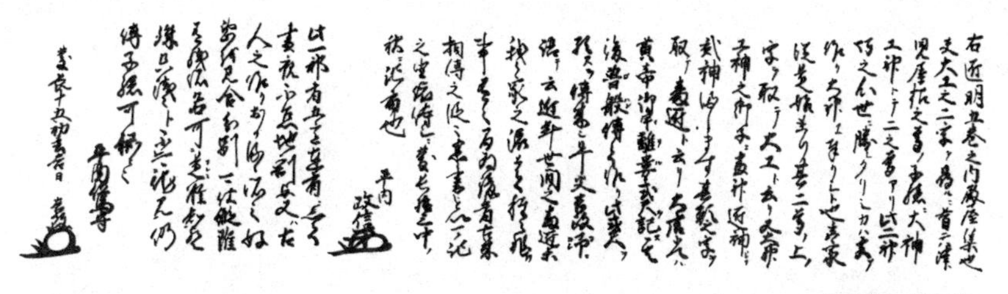

《匠明》的后记

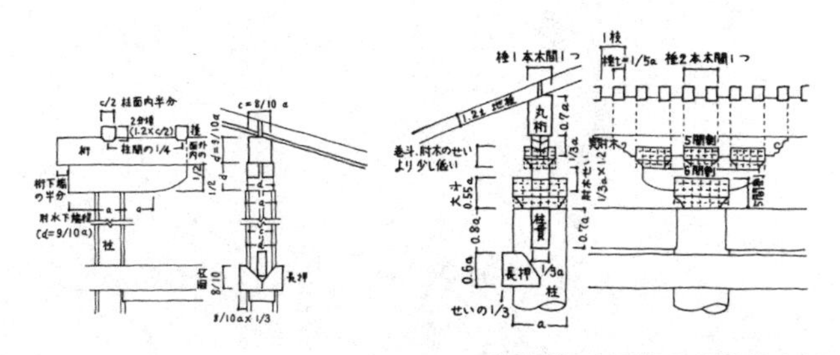

《匠明》中屋檐和斗拱的木割

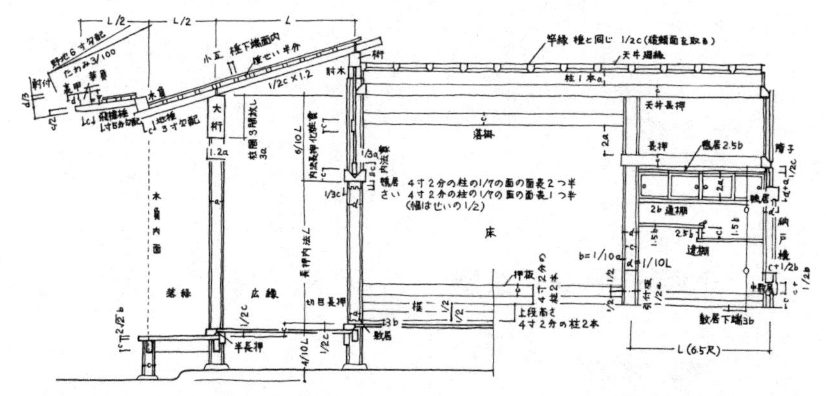

《匠明》中书院的木割

10 面），等等。

类似这样的比例并非以图示，而是以文字的形式表示出来，通过阅读文字进行设计。但是这种设计标准与其说在实际的设计中得到运用，不如说对于教授设计，或者说对用于秘传本身更富有意义。

在《匠明》的后记中，平内吉政说，木匠不仅仅是设计，还必须掌握估算和实际的手工操作，要具备绘图的素质，还要善于雕刻。由此，当时一个完美的木匠的标准可见一斑。

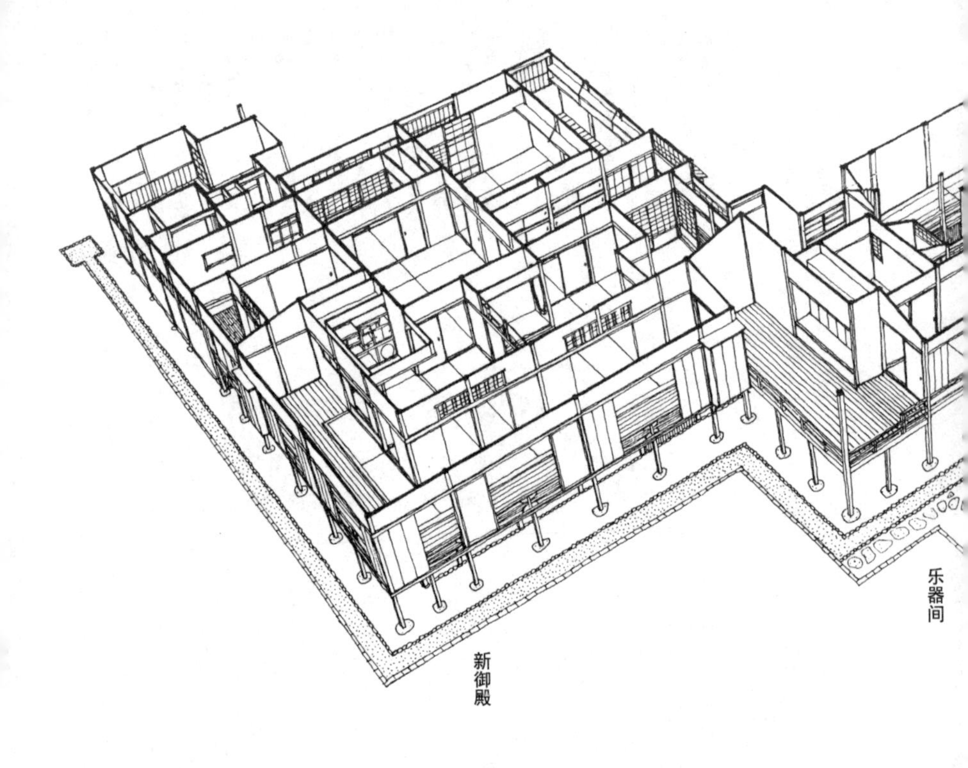

公家的别墅建筑：茶屋

潇洒的创意

使用角柱、安装长押，在墙壁和隔扇等描绘彩图，这样的书院造虽然适合会面仪式，但作为日常生活的地方却有些不大适宜。

以书院造为基础，不使用角柱而使用面皮柱（将圆木的四面垂直切断，房子的四个角落都是圆柱），让室内呈现出洒脱、曼妙的创意建筑深受公家的欢迎，这种建筑形式就是通常所称的茶屋。

中世茶道盛行，建起茶道独自的建筑空间茶室。有观点认为，茶室的创意被书院造吸收，成就了茶屋的建设。不仅仅是这些，中世盛行的隐遁者闲居，以及以此风情为基础建立起来的公家匠心独运的设计也是不容忽视的。

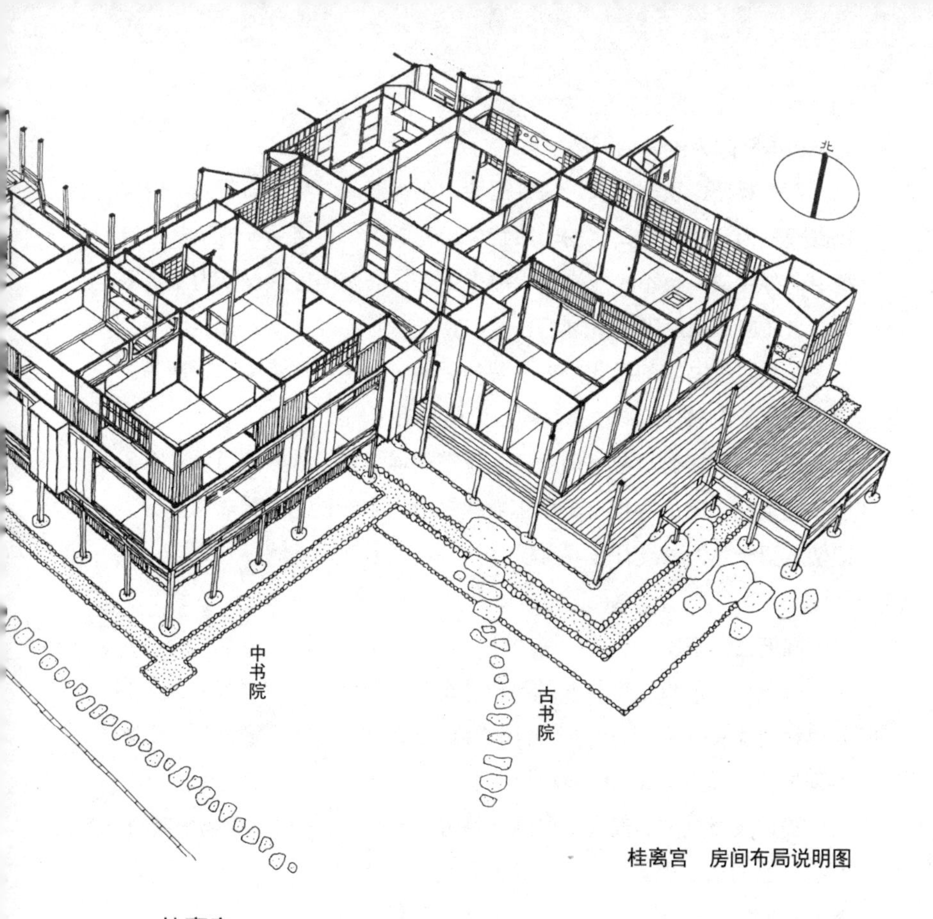

桂离宫　房间布局说明图

桂离宫

以八条宫智仁亲王和智忠亲王父子两代人的营造为基础完成的桂离宫，是建造在京都西南郊外的一幢别墅。古书院、中书院、乐器间、新御殿等以大雁飞行的形状排列，庭院中配有月波楼、松琴亭、笑意轩、赏花亭、园林堂等。

古书院和庭院的一部分是元和二年（1616）前后智仁亲王建造的，智忠亲王时代又增建了中书院，庭院也得到扩大。中书院应该是宽永十八年（1641）前后建造的，只是没有确切证据。乐器间和新御殿是为迎接后水尾法皇的行幸建造的，因为拉门下面的贴纸上有万治三年（1660）的文字记载，所以应该是那之后完成的。御殿建筑群和庭院具备现在的规模，是17世纪后半叶的事情。

与庭院融为一体的御殿

春季观樱、秋季赏枫，荡舟池塘，在御殿品尝料理和茗茶，庭院和御殿融为一体是桂离宫的一大特色，庭院不仅可用于单纯地从建筑物中向外眺望，也不仅能满足于散步观赏。庭院不应该仅仅为观赏服务，它还应该是使用的空间。

在只有古书院的时代，古书院的后面有厨房、洗浴间和厕所等。后来增建了中书院后，中书院的后面便也有了厕所等。

乐器间和新御殿建成后就成为现在的样子，新御殿的后面建有厕所和洗浴间，厨房等也位于新御殿建筑群当中，设施安排非常充分，即使逗留十几天也没有任何问题。

桂离宫的茶屋

八条宫家的日记中将此地唤作桂御茶屋，除了这里之外御陵村和开田村也建有茶屋。开田位于开田天满宫（现在的长冈天满宫）的附近，参拜神社和采摘松茸的时候可使用茶屋。

类似茶屋氛围的建筑不仅是郊外的别墅有，也不是八条宫家独有，其他公家的宅邸也都有。这些建筑作为专研学问、享受料理、品味茗茶的场所持续至今。

曼殊院书院　外观

茶屋的工艺

曼殊院

位于京都东北山麓下的曼殊院于明历二年（1656）将佛寺驻地从皇宫迁至此，并盖起书院。

大书院和小书院并排相连，均为茶室风格的曼妙设计。

小书院的主要房间是黄昏间。房间中有两铺席榻榻米大小的上段，上段处设有壁龛和几案，几案上方开有花头窗（上框为曲线形的特殊窗户，随禅宗进入日本，主要见于日本的佛寺建筑、城郭建筑和住宅）。壁龛的左侧是一个创意独特的多宝格架。黄昏间外侧的房间是 8 铺席榻榻米大小的富士间，其西面设有一铺席榻榻米大小的茶室。黄昏间的内侧也附带着一个称作八窗席的茶室。

黄昏间和富士间内，不仅多宝格架工艺考究，遮钉和楣窗等也皆独具匠心，如门楣上的格子窗采用了菊花图案的独特造型。

西本愿寺黑书院

西本愿寺黑书院于明历三年（1657）建成，位于对面所和白书院的里面。主房间的一之间中，正面右手处设一间半宽的壁龛，其柱子使用面皮柱（圆柱）；壁龛左侧的几案上方开有花头窗，几案左前方稍稍远点的地方有一多宝格架。镂空雕刻的多宝格架的木板和台阶踏板的构成等都设计得非常精细。与二之间相隔的门楣上的格窗也是颇

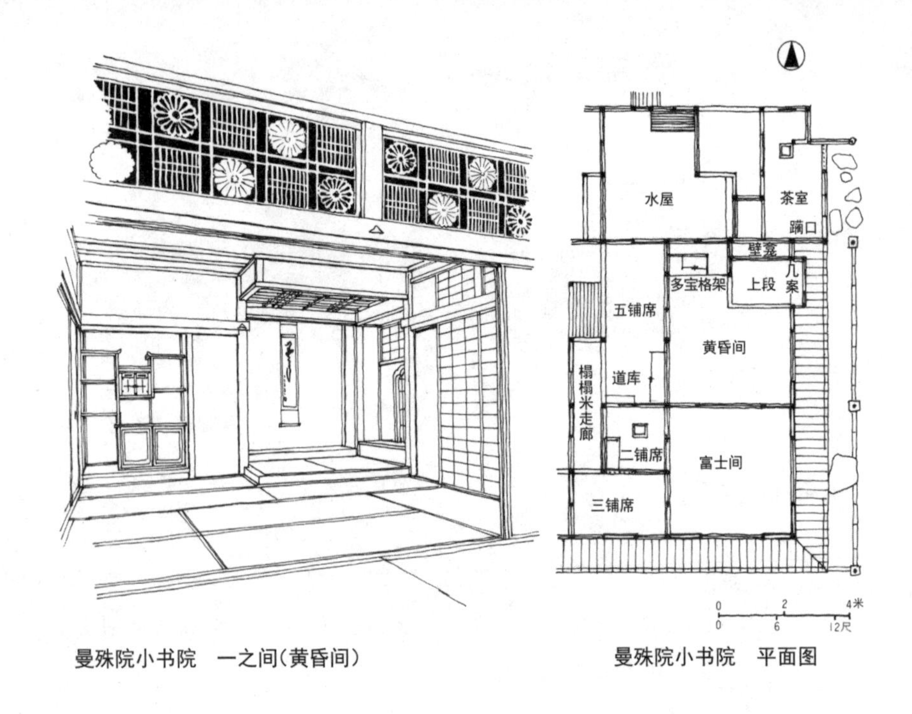

曼殊院小书院　一之间（黄昏间）

曼殊院小书院　平面图

具匠心，此外，以植物为主题的遮钉等皆趣味盎然。屋脊两端使用的瓦块带有藤花图案，与本愿寺的徽标相互呼应。

设计的共通性

明历二年建造的曼殊院书院和翌年建造的黑书院在设计层面相似的地方很多，这不仅仅因为是同一时代的产物。八条宫由第一代智仁亲王的二儿子良尚法亲王所建，黑书院由良如法主所建，而智仁亲王的女儿梅宫嫁入了良如的府邸。由于这一缘分，良如法主和良尚亲王以及智仁亲王的长子智忠亲王三人皆有交往。智忠亲王效仿父亲智仁亲王，倾力营造桂离宫，而良尚法亲王和良如、梅宫夫妇又都曾到访桂离宫。虽然当时桂离宫只营建了古书院和中书院，但是可以肯定的是，他们在桂离宫相互交流的观点和心得给曼殊院和黑书院的建设带来了很大的影响。

西本愿寺黑书院　一之间

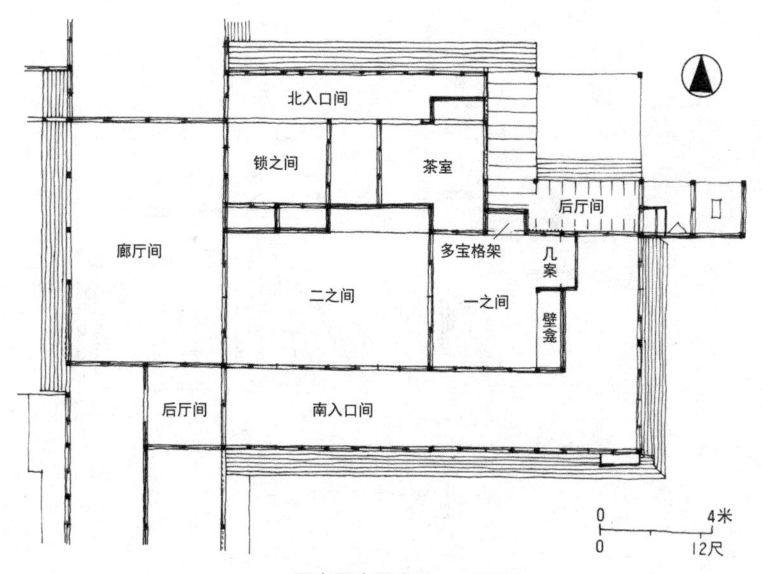

西本愿寺黑书院　平面图

茶屋的工艺

曼殊院和黑书院都以书院造的构成为基础，其中面皮柱的使用、几案上方的花头窗及其格子窗的造型，楣窗和遮钉等设计，造就了茶室风格的时尚的室内空间。因为这种创意基本上属于书院造，所以也称作茶室风格书院。它不仅没有失去正规的书院造的气质，还摆脱了书院造的刻板印象，并可兼做日常居室。

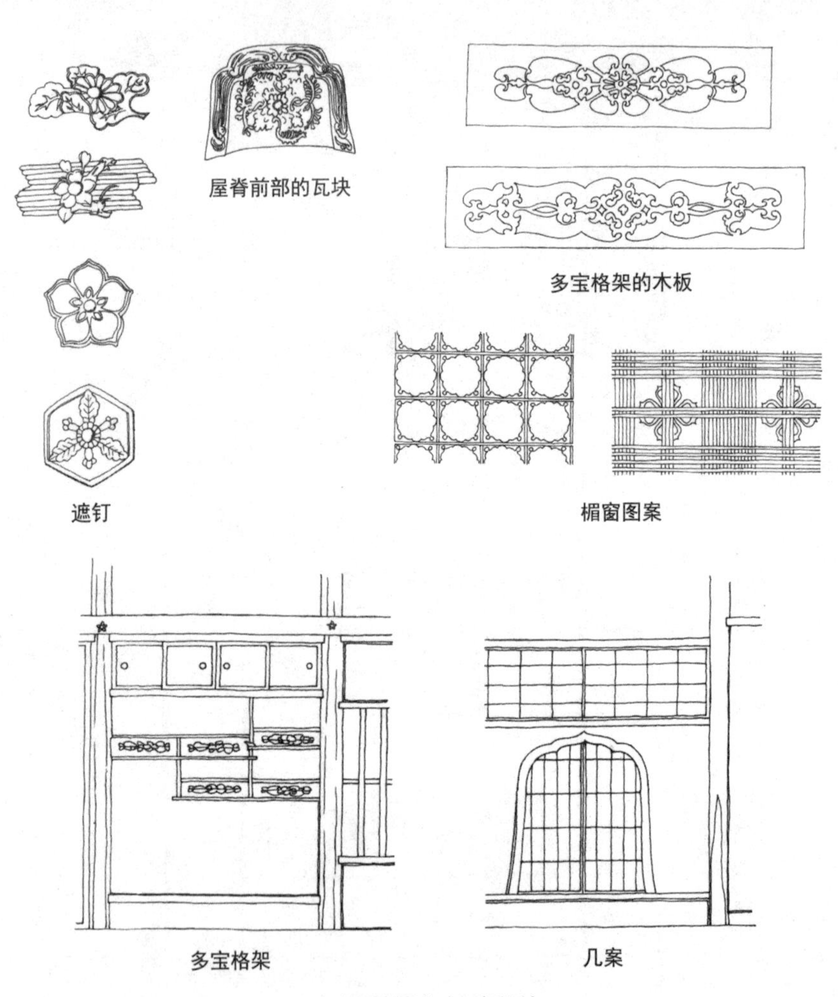

西本愿寺黑书院细部设计

茶屋风格书院

上述这种茶室风格书院的例子还有伏见稻荷大社御茶室（京都，据传宽永十八年，即 1641 年被指定为宫中御殿）、古今传授之间（熊本市，宽永年间智仁亲王将八条宫智仁亲王宅邸内的学问所迁至开田御茶室，明治后又迁回熊本市）、水无濑神宫灯心亭（大阪市，宽永年间后水尾法皇行幸时建造）、三溪园临春阁（横滨市，原纪州德川家的别邸，庆安二年，即 1649 年建造），等等。

民宅的造型

坚固的造型

站在宽阔的土间（泥土地面房间）中，抬头仰望可以看到纵横架设的粗大梁柱。天棚铺着竹板，设计坚固且简洁。

比土间高一层的铺着木板的部分叫后厅，其南端有一小的中二楼从天井处垂吊下来。据说这间称作女佣室的房间，要靠建在墙壁里面的半月形梯子攀登上去。放置在后厅中的屏风原来是镶嵌在隔段上部的楣窗上的，建筑物复原施工时由于去除了隔断，所以用作屏风。

吉村家住宅

吉村家有很多古老的来头，天正十九年（1591）的文献中有先祖七卫门以“政公署”的称谓排位老大的记载，文禄三年（1594）的土地账簿中也能看到“庄屋七卫门”的名称，如此种种。吉村家直到明治为止，一直都是河内国丹被郡岛泉村的庄屋（古代掌管庄园事物的官员，相当于村长）。

关于吉村家建筑物建造的年代，没有明确标示的史料，据传元和元年（1615）的大阪夏之阵战役中一度被焚毁，主屋在那之后很快又建造起来，客厅部分应该是在主屋造好后略晚些时日补建的。

后厅的西南是出入庭院的居室，再往北面是两间相连的主卧间；二者西面是居室（南侧）和收藏室（北侧）；再向西，过了迎送客人的房间和玄关就是客厅了。客厅除了房间四隅的柱子外，一律使用圆柱，并安装半高的拉门，拉门、隔扇、墙壁等都绘有图案，遮钉、五金拉手、镂空雕刻的楣窗等也都创意新颖。客厅用于接待朝廷官员，其北面建有泉水以及假山齐备的庭院。

土间的东面有储物间和灶房相连接。这一部分是江户时代中期、宽政十年（1798）以后改建的。

江户时代除了主建筑外，还有表门、仓库、门房等很多其他建筑，然而现在只剩下以主建筑和表门为首的挨着道路的部分了。但是宽广

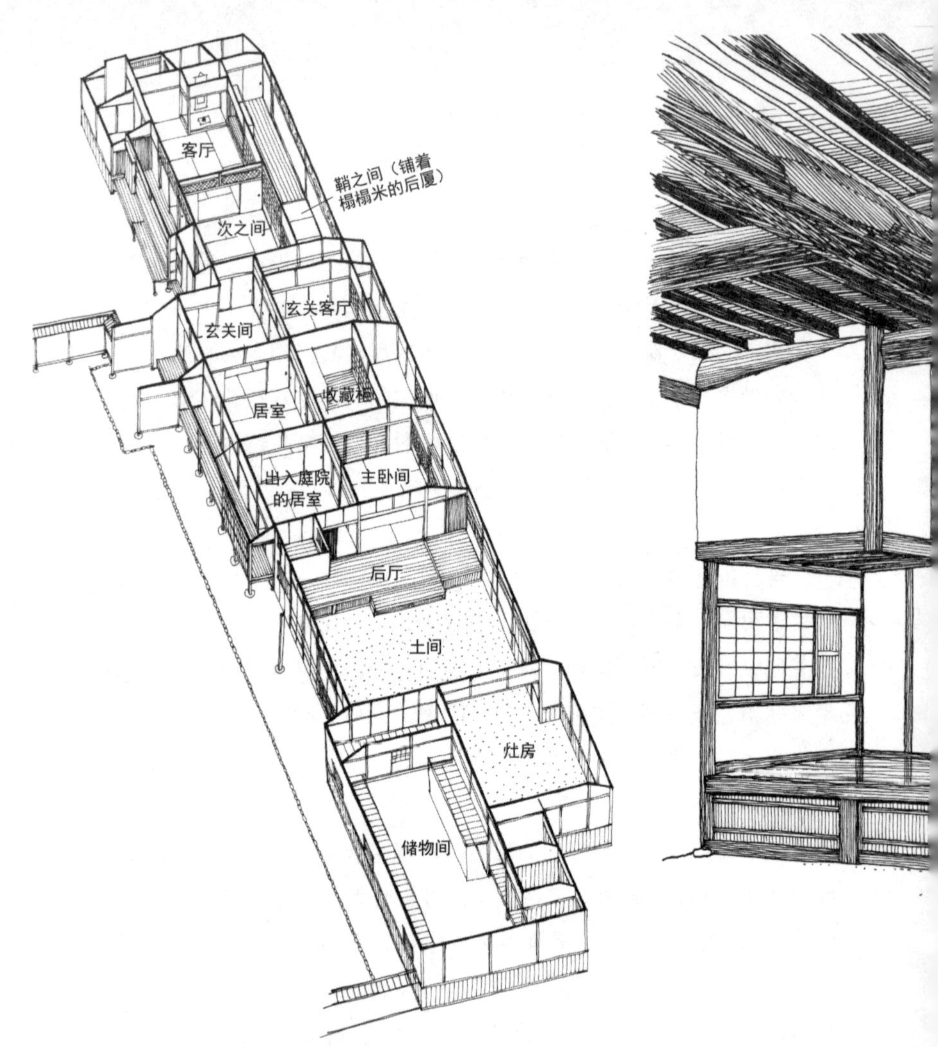

吉村家住宅　房间布局说明图

的占地依然保留完好，展示着当年宏伟的主建筑以及茶室风格创意的客厅等江户时代庄园主居所的盛况。

民宅

农户和商家的房子通常被称作民宅，包括渔民和神职人员的房子在内。除武士和公家等统治阶层人员之外的所有房子都可称作民宅。下层武士的居所也可称作民宅。因此民宅这一概念很难严格定义。

吉村家住宅　从土间看到的后厅

民宅是人生活于其中的，所以因居住人员及其生活状况的不同而发生变化。生活中不方便的地方可以修缮，狭窄的话可以扩建。倘若太旧，还可以翻盖。这样一来，旧的民宅就很难保存下来。保存下来的多为庄园主等上层人物的非常好的房子，我们不能仅凭这些来论及过去的普通百姓的民宅。从现存的民宅看，它们顺应当地的气候风土，是精益求精的百姓智慧的结晶。

朴素中体现造型上的独到，平凡中彰显高度凝练的创意，这就是各地方的民宅所留下的精华。

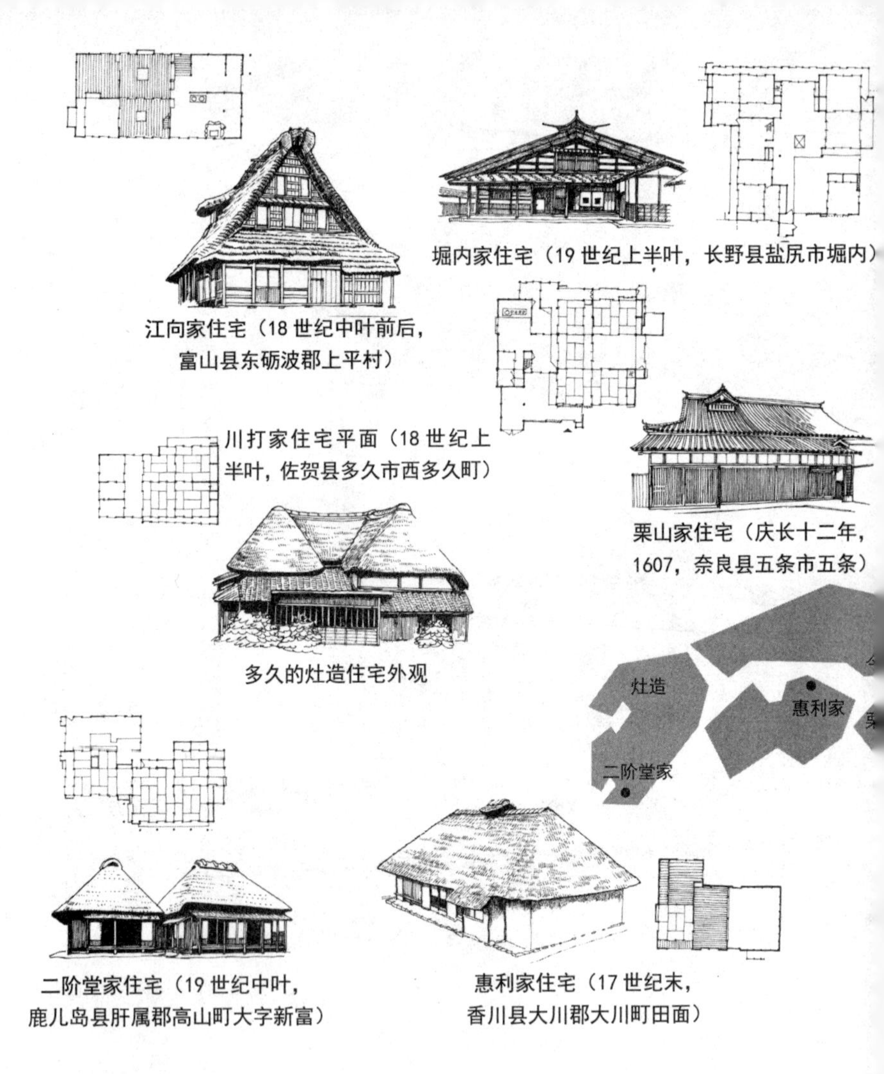

堀内家住宅（19 世纪上半叶，长野县盐尻市堀内）

江向家住宅（18 世纪中叶前后，富山县东砺波郡上平村）

川打家住宅平面（18 世纪上半叶，佐贺县多久市西多久町）

栗山家住宅（庆长十二年，1607，奈良县五条市五条）

多久的灶造住宅外观

二阶堂家住宅（19 世纪中叶，鹿儿岛县肝属郡高山町大字新富）

惠利家住宅（17 世纪末，香川县大川郡大川町田面）

民宅的形态

民宅的地域特性

每个地方的民宅都有其独特的形态，民宅的平面和外观展示了各个地方不同的气候、风土和生活方式。

东北地方

所谓中门造，就是称作中门的部分从主建筑处凸出来的一种形式，它分布在从秋田、山形两县到福岛一带。岩手县旧南部藩主的领地中有

涉谷家住宅（文政五年，1822，山形县东田川郡朝日村田麦俣）

菊池家住宅（18 世纪中叶，岩手县远野市小友町）

作田家住宅（17 世纪末，千叶县山武郡九十九里町）

各地的民宅（搬迁后，地名依旧保留旧时地名）

今西家（庆安三年，1650，奈良县橿原市今井町）

北村家住宅（贞享四年，1687，神奈川县秦野市）

一种平面呈 L 形弯曲的曲屋，被称作“南部的曲屋”，菊池家的民宅就是其例。位于山形县东田川郡田麦俣的涉谷家住宅，因受到明治以后盛兴的养蚕业的影响，在二楼和三楼开了硕大的窗口。由于处于积雪地带，大窗口高高在上，或许也是出于避免深雪埋没的考虑吧。

关东、中部地方

茨城、千叶、宫城各县内有一种分栋型房子，就是主建筑铺地板的部分和土间（泥土地面房间）分别是两幢不同的建筑。作田家是一户船家，其民宅位于千叶县九十九里町，大栋的房子是主要建筑，右面小屋顶的就是土间。北村家属农家，其住宅位于丹泽山麓，客厅地板 3/4 左右的面积都是竹子板条。

在富山县、岐阜县有一种被称作合掌造的民宅，其屋顶形式是圆木交叉组合，就像双手交叉合成人字形。位于富山县庄川流域上平村的江向家住宅就是这种形式。长野县的民宅一类是切妻造（坡屋顶），山墙处开门；一类是本栋造（屋顶大，坡度小，带装饰），木板铺顶。在大庄园主家做事的堀内家住宅就属于这类。房顶上面有“雀俑”（歌舞伎踊之一，头戴斗笠，身穿雀样图案的服饰，装扮成家臣模样的舞者形象）或“雀缄”（身着铠甲的舞者形象）的装饰，坡度和缓，与山墙融为一体，构成独特的外观形式。

近畿、中国地方

奈良县橿原市今井町的今西家有一个庆安三年（1650）施工时留下的铭牌。作为建造年代明确的古建筑，它和栗山家、中村家（御所市，宽永九年，1632）齐名。它的屋顶恢宏，构成复杂，甚至被称作八栋造。今井町是一个寺内町，四周挖有护城河，而今井家就是营建时的指挥者。

大和五条的栗山家的房子是瓦块铺就的歇山顶，是一幢外观涂色的商铺。房子中有庆长十二年（1607）的铭牌，是建筑年代明确的最古老的民宅。但依据判断，比栗山家还要古老的民宅是位于神户市的箱木家住宅和兵库县安富町的古井家住宅，尽管它们的建筑年代无法确定。这两栋民宅原本就有“千年宅”的称谓，据判断应是室町末期的建筑。

四国、九州地方

香川县东部平原分布着土间宽敞的寄栋造（四面坡顶的房子）房子，惠利家住宅就是其例。这种房子外壁是整面的木板，从外观看非常封闭。佐贺县和长崎县分布着称作灶造的凹形房顶的独特的房子。据说灶造的名称源自其形状酷似灶台；佐贺和长崎多台风，所以也有说法认为那是为了抗强台风而创建的民宅形式。川打家的民宅就是灶造形式，现在的平面已经是后来改造过的了。鹿儿岛县有分栋型的民宅，如二阶堂家的房子就是由东西栋的“表栋”和南北栋的“里栋”构成的。

街区

民宅群落

民宅很少有独立的，大多数是以群落的形式存在。富山县砺波平原散存着许多民宅，四周被防风的树林包围，乍看上去像是一幢幢零散的建筑。但略微站远些眺望的话，就会发现其实它们是以那样一种形态构成的村落，这种村落就叫作散居村落。

港区，海港的周围；门前区，沿神社参道两旁；宿场区，沿街道两旁，都有民宅以群落的形式存在。

兵库县揖保郡御殿町自古就是室津港口，至今依然保留着当年大名居住过的大本营等带有港口城市特征的街区。福岛县南会津郡下乡町的旧大内宿至今仍保留着江户时代风貌的珍贵村庄，街道两侧排列着曾作为会津西街道驿站的建筑，令人忆起当年道路两旁的沟渠中水流潺潺、缓解行人疲惫的驿站町（宿場町）风情。

妻笼的街区

妻笼是中仙道的驿站町。江户时代，中仙道有 67 个驿站町，至今还有像本山、奈良井、三留野、妻笼等不少保留着过去状态的街镇。

妻笼是一个山坳中的小镇，农业的收成无法预料。年轻人都去了大城市，因此人口减少的情况令人担忧。整个小镇正在对街道两旁的建筑实施保护：面朝马路的一面恢复了幕府末期的样子，重现了当年驿站町的面貌；道路上的电线杆向内推移后的成效已经显现，现在很多访客前来追忆旧时的江户风情。

3 至 4 米宽的道路的两侧房子鳞次栉比，房顶上铺着木板，木板上压着石头，格子门窗一家接着一家——这种房与房相继绵延的外观营造出地道的驿站町的氛围。

街区的设计

这样的一种街区形式曾经是随处可见的。每一座房子并不炫耀自我的存在，展示出十分平凡的外观。但是当它们相互连接起来之后，

就形成了街区的“形象”，而这一“形象”又是居民们长年累月历经反复实践后创造出来的。江户这一封建的时代禁止每幢房子张扬个性。或许这种“形象”只是木匠们重复建设相同建筑的结果，但是仅仅将它看作偶然的产物，是不正确的。它一定反映了人们的审美意识——是否刻意地意识到则另当别论。同时也不能忘记，是木匠们的精湛技术和设计灵感造就了这一“形象”。

妻笼的街区

如同人们在一个集体中生活时，自然而然地需要一种规则一样，当房子作为一个群体而存在的时候，到底应该是怎样的状态呢？长期以来人们不断地摸索探究。对于房屋群存在的方式，先祖们最终获得的答案，正是现代的人们在街区和村落中所看到的美景，这对现代社会寻求城市房屋群存在方式的崭新答案来说，也带来了很多启示。

日本的都市

城下町

日本的都市大多是以近世的城下町为基础建设起来的。首都东京的前身是拥有将军城堡的江户；大阪是自丰臣秀吉和德川家康以来的大坂城；而名古屋则是德川一族的尾张松平家的城堡。

彦根

彦根是庆长九年（1604）自井伊直胜定居以来的城下町。它的城堡位于琵琶湖畔的小高丘彦根山，四周被高俸禄的家臣宅邸包围——

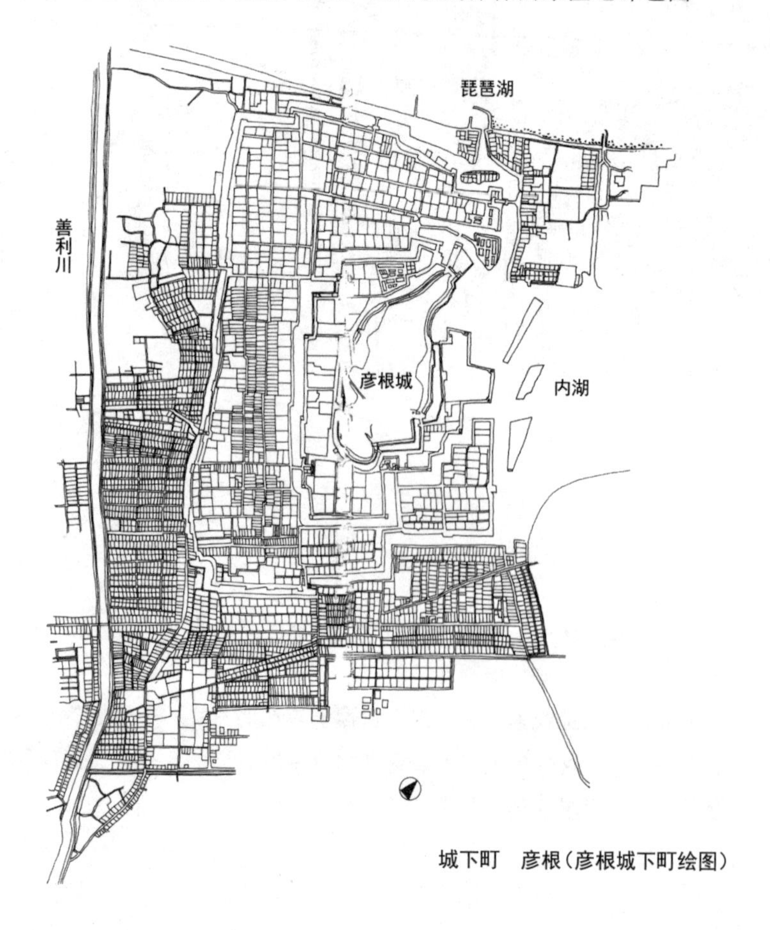

城下町　彦根（彦根城下町绘图）

外围布满了俸禄为100至1000石（“石”为武士的俸禄单位）的家臣住宅和商铺。因此面向外城河设置佛寺大概是出于城堡防卫的考虑吧。

大多数城下町都有意识地布局家臣的宅邸和商人、工匠的民宅，并有计划地建设护城河和道路、水渠等。

通过元文元年（1736）的《彦根城下图》，我们可以判明彦根当时的模样，其他城下町也同理。被称作城下绘图以及城绘图的那些图，就是了解城下町初期状况的资料。

特别是正保元年（1644）按照幕府指示制作的都市图，即《正保图》或《正保城绘图》，保留下来了很多都市的图片。其描绘的内容正确，方法统一，各都市间具有一定的可比性，资料价值非常高。

港町长崎

长崎是一个天然良港，其海湾很深。元龟二年（1571），长崎建立都市，发展成为南蛮船只（室町末期到江户时代来自南洋方面的西班牙、葡萄牙等船只）出入的贸易港。宽永十三年（1636）建造出岛，幕府强制葡萄牙人居住于此。宽永十六年禁止葡萄牙船只来航，开始了真正意义上的锁国。宽永十八年荷兰商船从平户移至出岛，之后出岛成为通向外国的唯一窗口。

宽文十二年（1672），因描绘了来航的英国船只而得名的《宽文长崎屏风》，生动反映了参加祭礼的人群、停泊的船只等港町长崎的面貌。

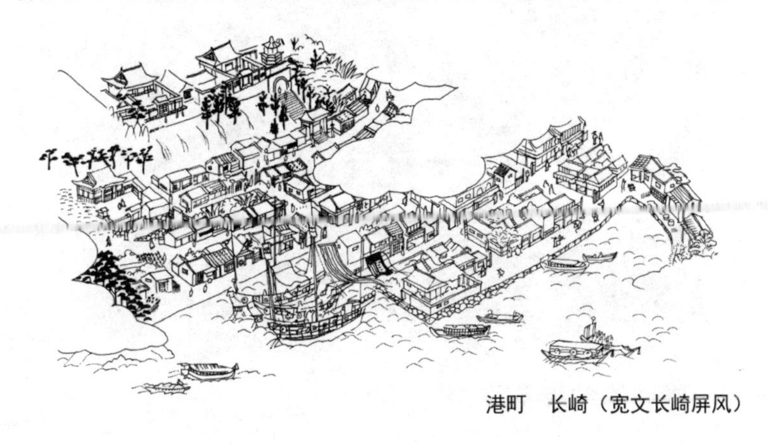

港町　长崎（宽文长崎屏风）

门前町琴平

江户时代中期以后，琴平金刀比罗宫会集了来自日本“参拜金毗罗”的拜谒者。金刀比罗宫的门前销售特产的商铺罗列，热闹非凡。当时制作的导游图将现代的我们带到江户时代的金毗罗宫。

琵琶湖的东岸、中仙道驿站町的守山，沿道路两侧房子相连，靠中间的那条路几乎是直角的转弯处有一处布告栏。街区的东西两侧凭借架设在河流上的桥梁划分，根据《守山绘图》记载，街道的南侧有47 座房屋，北侧有 30 座房屋。

安藤广重在《木曾街道六十九次》中描绘的守山的街区，如果和《守山绘图》相比较的话，在画面的构成上似乎有些夸张，无法判断出描绘的到底是街区的哪个部分，却充分反映了驿站的氛围。

通过比较我们可以看出，倘若将城下町看作以城堡为中心拓展的、由平面构成的街区的话，那么驿站町就是由沿道路冗长绵延的线条构成的街区。

门前町琴平（金毗罗参谒导游图）

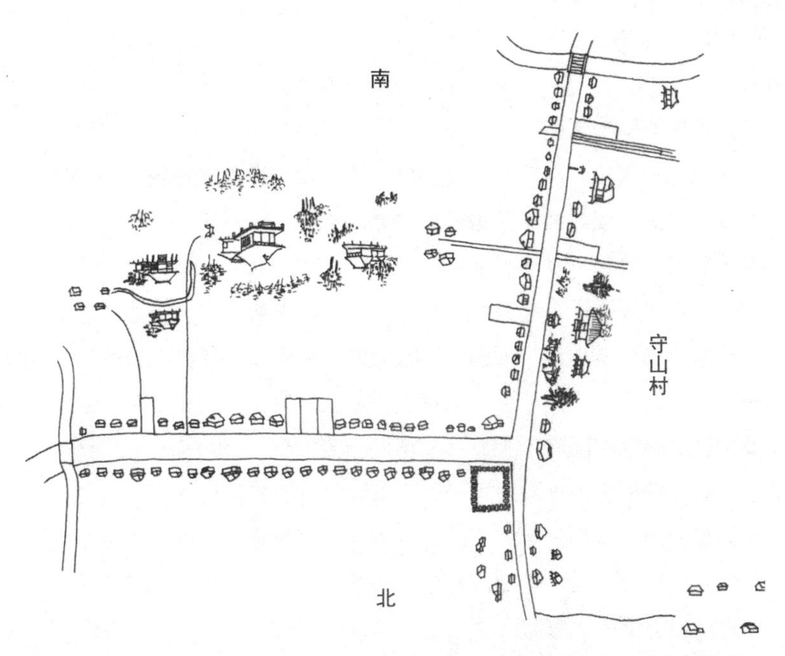

驿站町　中仙道守山宿（《守山绘图》）

守山宿（广重《木曾街道六十九次》）

江户的城市

家康的都市建设

天正十八年（1590）八月一日，德川家康进入江户城。当时江户城没有石头城墙，在城郭最核心部分的下面，江户湾（日比谷海湾）的潮水拍岸涌起，散落的建筑犹如沐雨一般。

据说家康之所以选择江户作为大本营，是听了丰臣秀吉的建议。但应该不仅仅是这一个原因，家康对江户城的真正评价应该是陆上交通方便，凭借江户湾，海上运输也很适宜，对于控制整个关东平原来说是极佳的地理位置。

家康在扩大城堡核心部分、完善城堡建设的同时，也投入江户街区的建设中。填埋日比谷海湾，挖掘道三沟等沟渠，削平神田山（现在的骏河台）一带，等等。通过一个接一个的大规模土木工程建设，完善了城市整体的布局。

江户的道路规划

据说在江户的道路规划中，富士山和筑波山发挥了重要的作用。本町大街的建设将富士山和常盘桥连接起来，自日本桥至京桥的一丁目（区分不同街道的数字表述，相当于一条）到四丁目以及桥广小路等道路，都建在通往筑波山的方向。站在本町大街向西眺望，可以看到富士山；从京桥向东眺望，可以看到筑波山。

从鸟居清长、葛饰北斋、安藤广重们所描绘的浮世绘看，道路的对面也有几处描绘了富士山的地方。例如广重的《东都大传马街繁荣图》，在两侧商铺的对面可以看到富士山。对于画家们来说，富士山是富有魅力的一个主题，尽管实际上看不到，然而在画面的构成上将其纳入的可能性是存在的，当然，从清长、北斋、广重描绘的三幅骏河町的图画均能够看到富士山这一点推测，实际应该是可以看到的。

江户大传马町（《东都大传马街繁荣图》）

江户的样貌

正因为是将军所在之地，所以描绘江户这一都市的图画很多。例如《分道江户大绘图》以《江户游览巡见图》为题，“画工石川流宜”细致描绘了享保时期（18 世纪 20 年代）的江户街区。虽然从《江户游览巡见图》中看不出建筑物的形状，但是《江户图屏风》却生动地描绘了江户时代初期江户街区的样貌。中桥周围运送物资的商船在河面相连，街道上肩扛扁担的男人及众多的过往行人络绎不绝。桥的侧畔有划分街区的栅栏门样子的东西。道路的拐角处还有一幢三层楼高的瞭望台似的建筑。

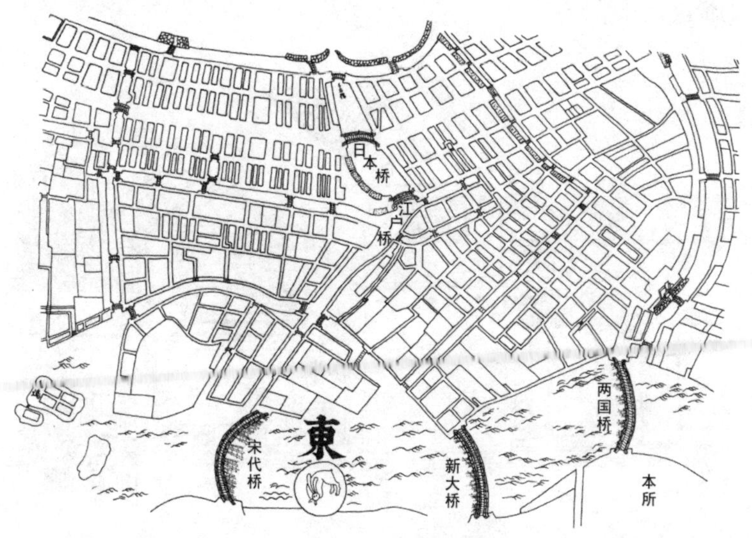

江户日本桥附近（《分道江户大绘图》）

江户中桥附近（《江户图屏风》）

《守贞漫稿》（喜多川守贞执笔，嘉永六年，1853）以《今世江户市井之图》为题描绘了商家及其仓房，甚至描绘了监测火情的瞭望台，并附有平均每十町建造一处的说明。没有火情瞭望台的地方，据说要在当地衙门建筑的屋顶挂上吊钟。

《江户名胜图会》（斋藤月岑等，天保七年，1836）中，按照地区分别详细描绘了江户街区的繁荣景象，甚至包括布告栏等都市设施的情况。

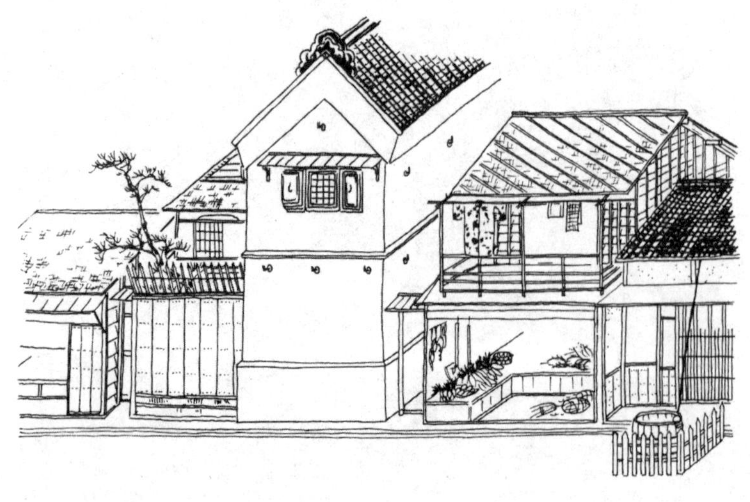

江户的二层房屋和仓房（《守贞漫稿》）

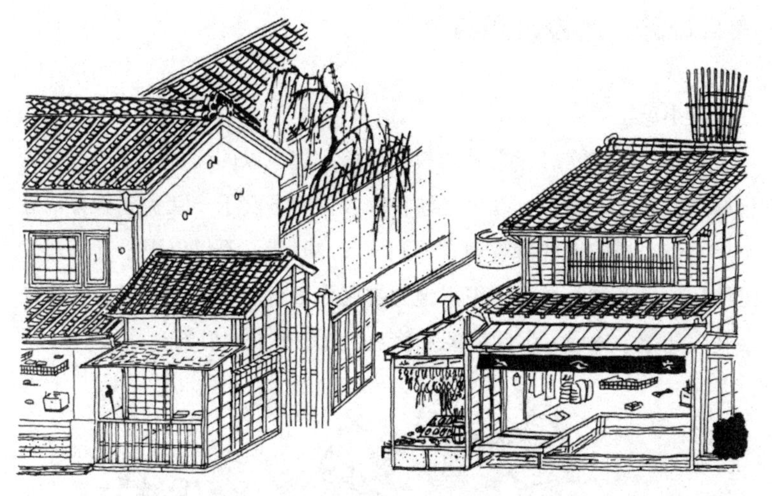

江户的商铺（《守贞漫稿》）

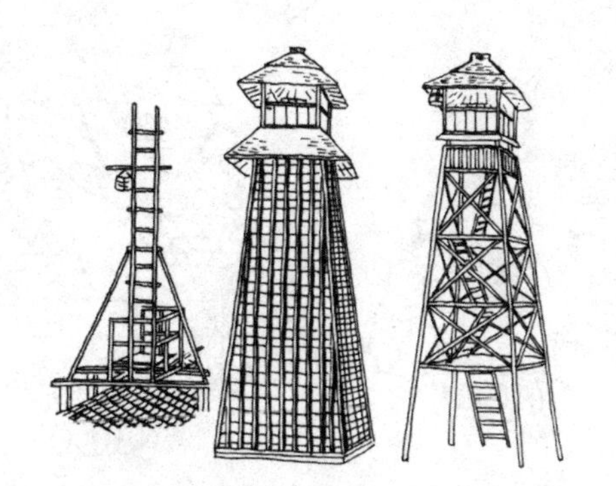

火情瞭望台和衙门建筑屋顶挂的吊钟（《守贞漫稿》）

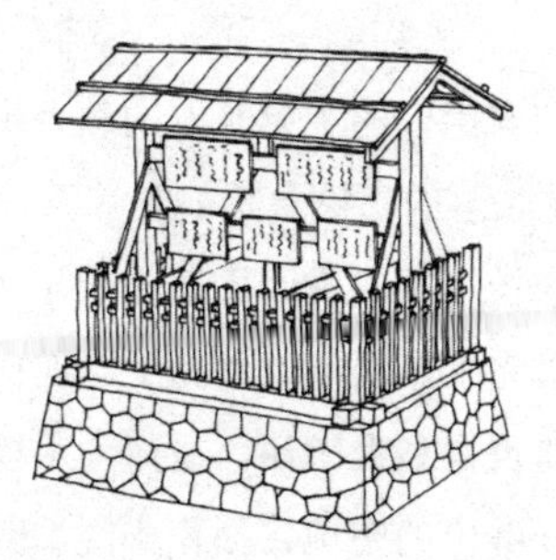

日本桥的布告栏（《江户名胜图会》）

教育设施：藩校、圣庙

寺小屋

寺小屋是江户时代百姓的教育设施，这里以阅读、写作和珠算为核心，集武士、僧侣、医生、神官等人员的子女于一堂实施教育。寺小屋一词出自中世的寺院教育，到了江户时代，不仅仅限于寺院，武士的居所以及神社境内等很多地方都用作教育场所。渡边华山的素描（文政元年，1818）生动记录了学习中的孩子们的形象。

寺小屋（渡边华山《一扫百态帖》）

藩校

各个藩为武士和家臣们的子弟开办的教育机构就是所谓的藩校。水户藩的弘道堂、尾张藩的明伦堂等都非常著名。

冈山藩的闲谷学校（闲谷黉）于宽文十年（1670）破土动工，延宝元年（1673）讲堂完工，翌年圣堂完工。现存的讲堂是元禄十四年（1701）改建的，建筑物高大宏伟，室内为木板地面，空间宽绰。闲谷学校是在山野上开辟出的空地，面积广阔，四周修建了石墙，东边地势较高的地方建有圣庙。现在的圣庙是贞享元年（1684）重建之物。

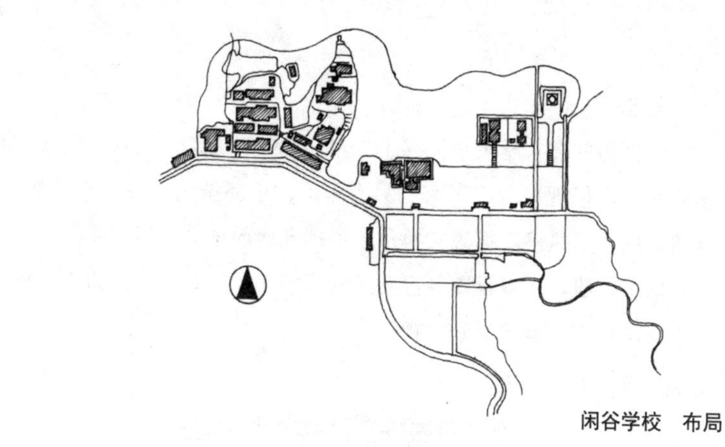

闲谷学校　布局

闲谷学校讲堂　外观

闲谷学校讲堂　内部

圣庙

佐贺藩的多久学校于元禄十二年（1699）完工，宝永五年（1708）圣庙完工，但现在保存下来的只有圣庙。这座圣庙是完全不同的一种建筑，属中国风格，据说它模仿了中国孔庙的平面布局。

如上这般，大多设置祭祀孔子的庙宇（圣庙）是藩校的一大特色，这主要源于当时儒学受到重视。

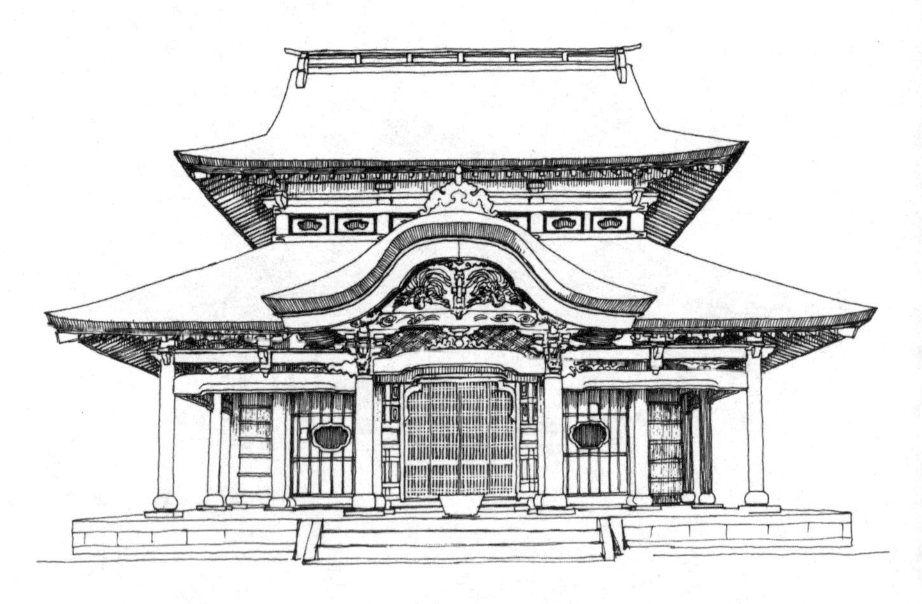

多久圣庙　外观

战争

城堡与城下町

祇园精舍的钟声，诸行无常的回响，婆娑双树的花色，乃盛者必衰之理，骄者亦不长久，只如春夜之梦。

（《平家物语》）

黄昏。佛寺里报时的钟声挟裹着人世的无常和空虚在山间回响。《平家物语》将主人公平清盛作为“骄者必衰”的典型事例介绍于世。这正是历史中“盛者必衰”的足迹。

《平家物语》的主题就是古代到中世的时代变革。历史即意味着不断的变革，而有变革的地方就必有战争。可以说，追寻历史可以沿着战争的足迹；建筑史也是一种历史，故也可以沿着战争的足迹追寻建筑。

提及为战争而修建的建筑，我们首先想到的一定是城堡，如姬路城。白垩天守（天守是日本城堡中最高的也是最主要的部分，具有瞭望、指挥功能）炫耀着完胜一方城堡的壮观。

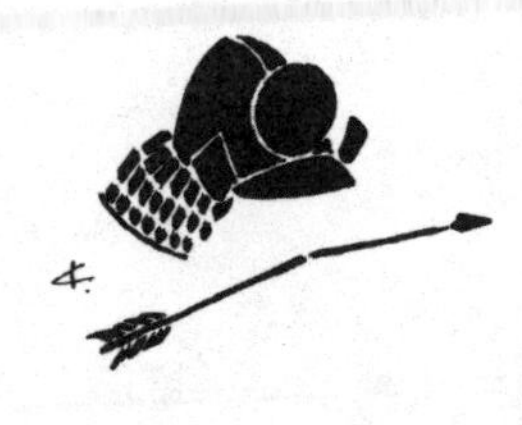

最早创建近世特色城堡的是织田信长，他

在琵琶湖畔、安土山的山顶建起宏伟壮观且具划时代意义的天守。这是天正四年（1576）至七年的事情了。然而天正十年，当信长阵亡于本能寺后，城堡也随之焚毁。之后继承天下的丰臣秀吉和德川家康都建起宏伟的天守。但这些建筑也没有流传下来。现存的 12 座天守除丸冈外，均为关之原战役（庆长五年，1600）之后的建筑。

古代和中世也有城堡，也都进行了大规模的土木工程建设，如古代的神笼石的列石（九州至濑户内一带的石墙遗址）以及中世城郭的石墙等。但是仅就建筑物而言，没有近世那么发达。

随着枪支的传入和战争中枪支的使用，中世的城堡发生了很大的变化，出现了带有近世特征的城堡。长篠交战（天正三年，1575）中信长首次大量使用枪支，在城郭史上有着重要的意义。

近世的城堡是大名的公馆，是当地政治、经济的中心。拥有城堡的城市——城下町以城堡为中心进行街区建设，呈现繁荣盛景。现在大多数城市都是以近世的城下町为基础发展起来的。以江户（东京）、大坂（大阪）及京都三大都市为首，仙台、名古屋、金泽、冈山、广岛、福冈、熊本等均不例外。这一点是我们在思考现代都市所面临的问题时不能忘却的。

雄伟的白垩天守

姬路城

在海拔 45 米左右的小山丘——姬山上，耸立着雄伟的白垩天守。大天守雄伟壮观，外观五重，内部六层，因为石墙中还隐藏了一层。它建立在近 15 米长的石墙上，从石墙的土台到大栋上端，高约 31 米。

大天守的外部涂着白漆，重要的地方设置了枪眼和落石的凹口。靠近大天守的西边是西小天守，西小天守的北边是乾小天守，再往东耸立着东小天守。大天守和三个小天守靠廊桥连接。以天守群为中心，四周配置了许多瞭望台和门，形成了易守难攻的防御态势。

天守的建设不仅注重防御，还在设计上体现了独到的创意：大天守南面安装了唐破风和格子窗扇，小天守安装了花头窗，等等。此外，无论从哪个角度看，天守的外观都十分壮美，在构成上没有任何破绽。

池田辉政的城堡

姬路城由池田辉政建造，于庆长十四年（1609）落成。在庆长五年的关之原战役中得天下的德川家康，将姬路作为西国方面的重要据点，安置辉政于姬路。当时镇守大坂城的是丰臣秀吉。受到丰臣秀吉恩惠的武将们，包括广岛的福岛正则、萩的毛利辉元、熊本的加藤清正等，随时都有举旗谋反的可能。姬路城就是在这样一种政治背景下建造起来的。

完备的防御系统

姬山初次修建城堡是在室町时代。之后许多武将纷纷在此建造城堡，天正九年（1581）丰臣秀吉建造了三重天守。辉政利用秀吉天守的一部分木材，将秀吉的天守台扩大，建起自己的城堡。

辉政建立城堡后，本多氏时代又修建了西之丸（相对本丸而言，坐落于城堡西边的建筑），进一步完善了城堡。

天守近在眼前，却很难接近，其布局规划十分巧妙。

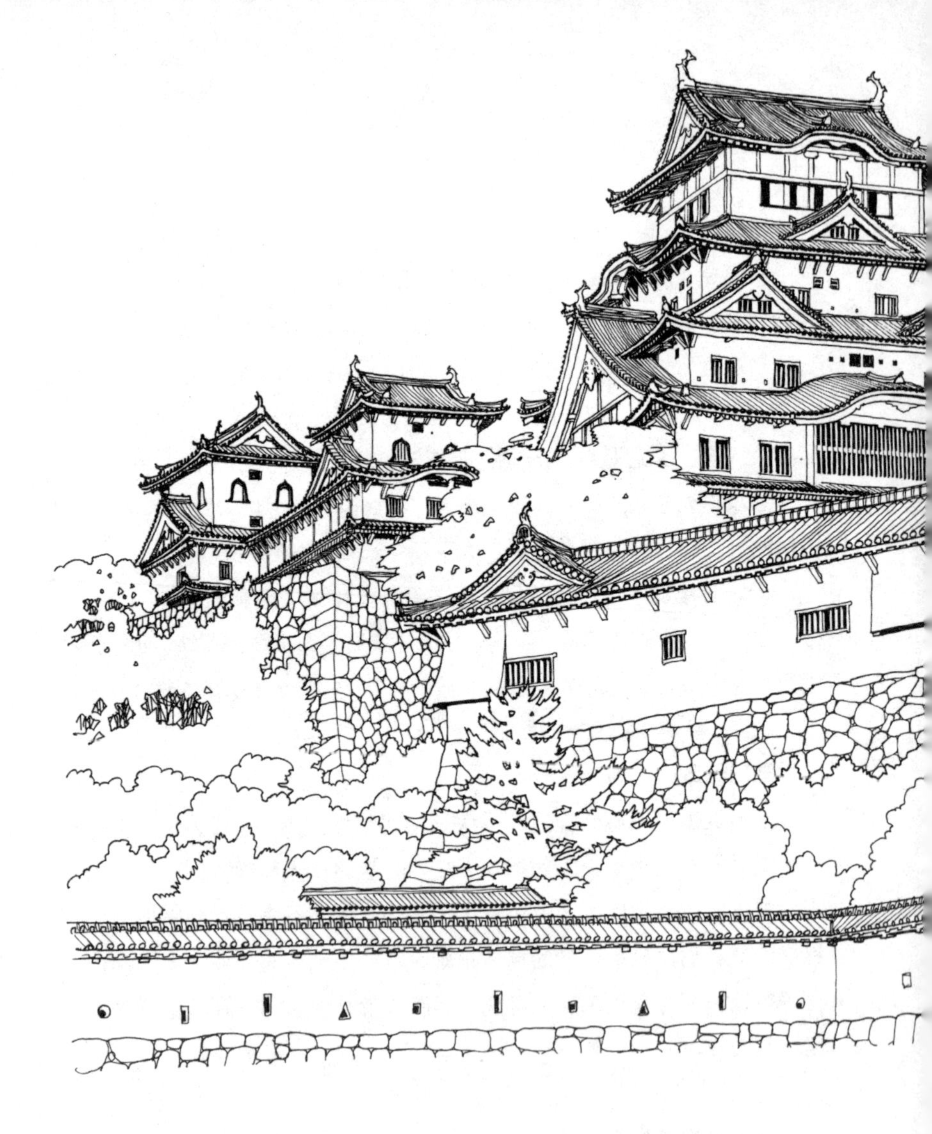

构造和设计

大天守的内部中央有两根大柱子，柱子从地下一直延伸到六楼的地板下，各个楼层的地板都安装在这两根大柱子上。从构造上讲，这就是其结实的缘故。地下一层在石墙的里面，为了采光，内侧面朝中庭的部分没有设置石墙，窗子也开得很大。有洗手池、厕所，中庭还有厨房。一切皆为固守而准备。

从外观看，朝外的一侧是封闭的，防御十分严密，墙壁上开有枪

姬路城天守群

眼，窗口安装土壁，等等。另一方面，面向中庭的内侧窗口开得很大，墙壁没有枪眼。城堡的内外两侧设计截然不同。

如上这般，姬路城呈现出最完善的城堡的样子。

上图是从菱之门附近看到的天守群。中央的是大天守，左侧是西小天守，左侧靠后则是乾小天守。右前方是望楼，重要的位置有推落石块的凹口。下面长长延伸着的墙壁上有圆形、三角形、四方形的枪眼，从创意来讲，这些设计非常有趣，超越了枪眼的功能。

城堡的发展

古代的城堡

从九州北部到濑户内海沿岸地区，有一段从山顶到中腹部的、以石头相连的构筑物。

这座构筑物外表十分整齐，在山的腹部将石头连接起来，或是将石头堆积起来，筑成石墙，并制作闸门拦截水源。长期以来，没有人知晓到底是谁、出于何目的在此做出这样的建造。

有人认为或许这是刻意划分出来的神灵休憩之圣地，因此起名为神笼石。后来通过调查判明，这些石头是修建野战工事的基石。它不是什么神圣之地的划分，而是在山顶筑起的城堡。或许它的修建依靠来自朝鲜的技术，但是尽管如此，何时、出于何种目的修建的，至今仍是不解之谜。

城堡的历史非常古老。《日本书纪》中就出现了“城堡”一词，战争用的设施自飞鸟时代始已建造。8世纪，东北地方大和政权出兵之际，建造了出羽栅（和铜二年，709）、多贺城（神龟元年，724）等栅栏和城堡。栅栏是粗木桩的排列，属真正意义上的栅栏。

从山城到平城

进入中世后，山顶和土丘上建造了易守难攻的城堡。设置壕沟，建立官邸，但是总体来说防御设施十分简朴，大多是利用了自然地形。

越前（福井县）一乘谷的朝仓氏官邸（文明三年，1471）就是将城堡建在一乘山的山顶，在下面的山谷中修建官邸，并配备了家臣的宅邸等。官邸的庭院风雅别致，有自然石的布景，还有泉水汩汩的池塘和枯瀑等景致。

中世到近世初期的城堡大多是建在山顶上的山城。然而山顶并非领主们日常居住之地，他们在山脚下修造官邸，居住于此。

要统治一个地方，在山顶是不方便的。最佳之地是交通要冲及经济中心。于是山城逐渐地开始向平城或者是小丘上的平山城变化了。天正二年（1574）和天正九年，武田胜赖和德川家康两军的攻防之地

壶口山神笼石

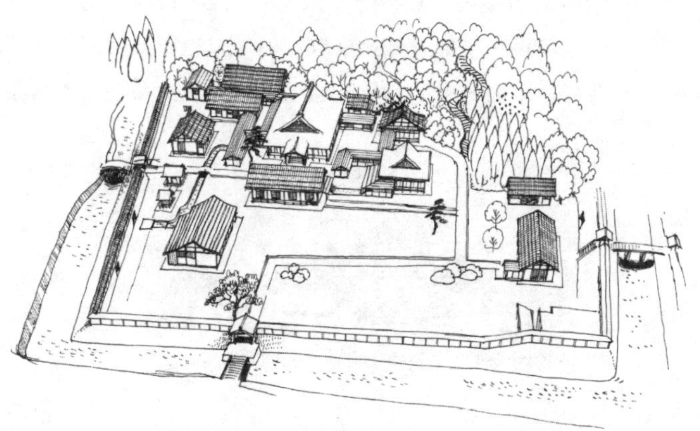

一乘谷朝仓氏官邸复原图

高天神城遗址

高天神城（静冈县）就是山城之例，如今建筑物虽已消失，但壕沟的遗迹等还留存着。

丸冈城天守（福井县）被认为是天正四年（1576）建造的，是一个平山城的例子。

关于“天守”一词的词源至今尚并不清楚，据文献记载，天守也可写作天主、殿主等，出现于室町时代末期。应该是源自官邸屋脊上建造的望楼的形状，丸冈城天守展示了标准的天守形状。

天正十五年（1587），丰臣秀吉在京都建造了聚乐第。三井家收藏的《聚乐第图屏风》展示了聚乐第的华丽，最上层拥有花头窗和栏杆的天守、诸多的望楼和石墙伴随硕大屋脊的官邸以及环绕四周的壕沟，等等。聚乐第堪称平地之城的极致，但是它也在文禄四年（1595）被拆毁，没有保存下来，现如今只能通过这幅屏风探寻往日的情景了。

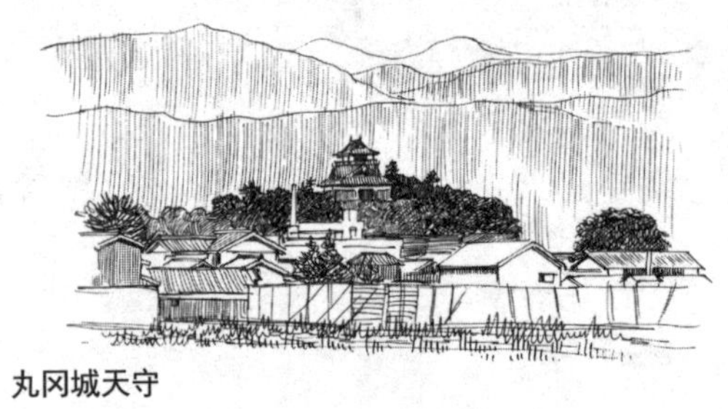

丸冈城天守

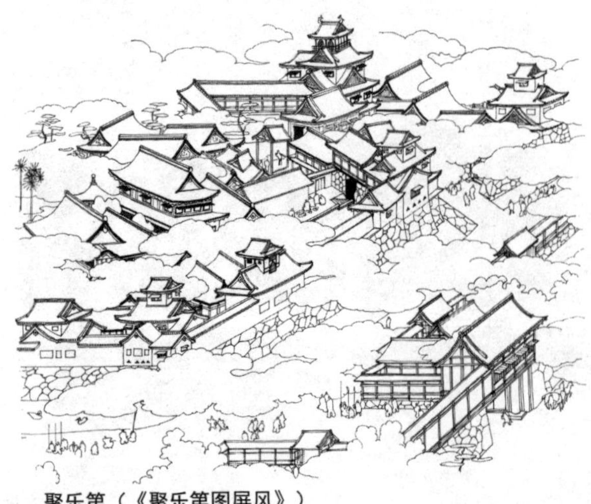

聚乐第（《聚乐第图屏风》）

战争与城堡

长篠交战和枪支

天正三年（1575）五月二十一日，武田胜赖军和织田信长、德川家康联合军在靠近长篠城（爱知县）的设乐原激战。胜赖军 15000 人，信长军 30000 人，家康军 8000 人。激战历时 4 个小时，以联合军的胜利告终，胜赖败北甲斐国。

这场战役始于胜赖进攻长篠城，也是由于这一原因人们称其为长篠交战。据说联合军的胜利在于大量使用了枪支（火绳枪）。天文十二年（1543）传入的新式兵器枪，还未得到广泛普及，其优势立刻引起关注。信长储备了大量枪支，依靠先见之明获得了战役的胜利。

只是凭借梭镖和大刀的战役自枪支采用以后发生了急剧的变化，作为防御设施的城堡自然也要相应地变化。下页图右侧描绘的长篠城是木结构，与住宅没有大的不同。只是有些建筑屋顶上方还有一个小的屋顶，它不是厨房的排烟道，而是瞭望设施，也可以将它看作天守的早期形态。

耐火构造

木结构的城堡有可能因枪火而燃烧。外壁涂漆是一种防火的方法，这也使得构造更加结实。有的还将墙壁加厚，中间填入砂石。这样就出现了涂满白漆的白垩天守。

长篠交战（《长篠交战图屏风》）

防御设施

枪眼和落石凹口

在防御层面，城堡着实下了很多功夫。天守和瞭望台上有开枪的枪眼，也称枪孔。为了便于从内向外窥视，枪眼的内侧相对大一些，外侧相对小一些。同样，能够射箭的开口叫作箭孔。为了与弓箭的形状相吻合，箭孔造型呈竖长状。墙壁上所开的枪眼呈圆形和四方形，还有一些追求设计效果的典型例子。通过剖面图我们可以看出，中央部分之所以孔比较小，是出于防止外来枪击的安全考虑。

建筑物角落的地面尽头有一突起的地方，打开后可使石头滚落下去，这一设施就是落石凹口。它可以防御攀登到石墙上来的敌人，当然也可以用来开枪。

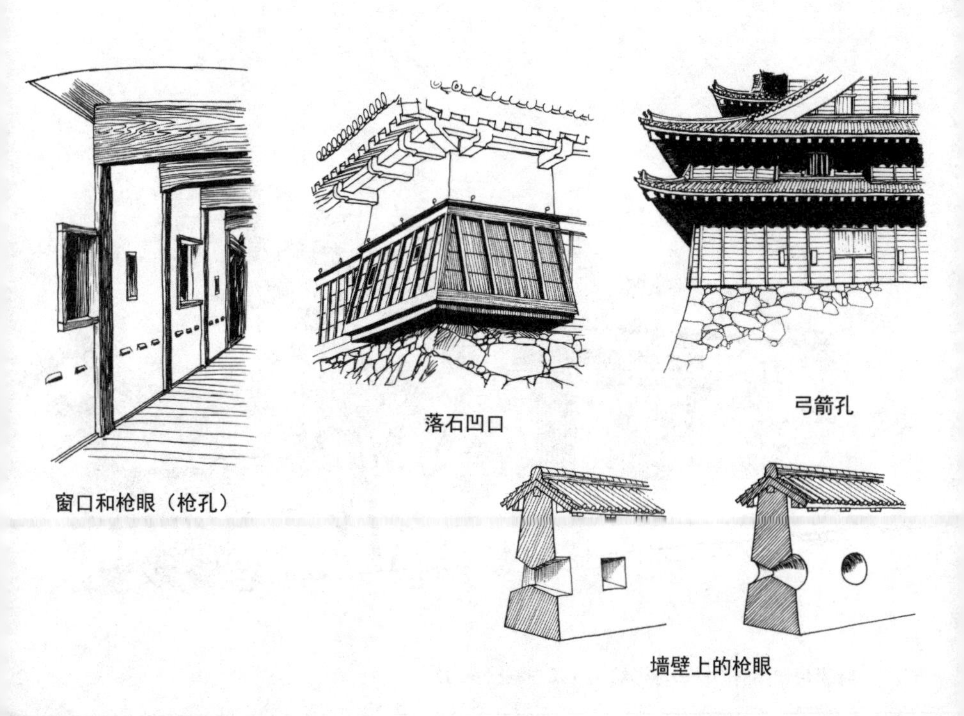

窗口和枪眼（枪孔）

落石凹口

弓箭孔

墙壁上的枪眼

斗形门

如上所述，不仅是细节方面用心周全，整个城堡的布局规划也精益求精，确保天守不会轻易失守。容易成为弱点的入口部分，在大门的内侧又设置了一道门，也有的在内侧的门上建造瞭望台，使其成为瞭望门楼的形式。这种构造（斗形门的形式，如同瓮城）使得一度进入大门中的敌人沐浴枪林弹雨。江户城田安门（宽永十三年，1636）就是其例，一旦进入右侧的高丽门，就进入了石墙包围的斗中，守城者可向右转弯钻入瞭望门。除田安门外，江户城中还有清水门、外樱田门、平河门等，作为防御的要冲，这些门都建造得十分细致。

瞭望台和高丽门——斗形结构（江户城田安门）

天守的现状

现存的12座天守

明治维新之际还保留着40多座天守，但作为上个时代的“无用之物”陆续遭到拆毁。第二次世界大战中失去了大垣城（爱知县）、名古屋城（爱知县）、和歌山城（和歌山县）、冈山城（冈山县）、福山城（广岛县）、广岛城（广岛县）的天守，昭和二十四年（1949）福山城天守（北海道松前町）焚毁，现在仅有12座天守保存下来。

现存最古老的天守是丸冈城天守（福井县，天正四年，1576），松本城天守（长野县，庆长初年，1596前后）次之。松本城天守是一座位于松本平原的平城，在五重六层的大天守的北面，还建有三重四层的乾小天守，东面还附带着二重三层的辰巳望楼和单重的望月望楼。涂着黑漆的半腰高木板墙壁令人印象深刻。犬山城天守（犬山市）于庆长六年（1601）开始修建一、二层，元和六年（1620）前后又增建三、四层，之后又增补了唐破风，成为现在的样子。在二层官邸设置望楼，曾经一度被认为是现存最古老的形态，但是，尽管看上去古香古色，却不是最初建造时就有的，而是后来增补的结果。

彦根城天守（彦根市）完成于庆长十一年（1606）。它在装饰上颇具用意，有破风和花头窗等。姬路城天守（姬路市，庆长十四年，1609）与松江城天守（松江市，庆长十六年）都是元和元年（1615）“一国一城令”之前的产物。松江城天守也称乌城，其外观为黑色木板，稳重厚实。

丸龟城（丸龟市）完成于万治三年（1660）。在海拔66米的小丘上，垒砌着三层石墙，上面建起三重三层的天守。天守虽然规模不大，但石墙和壕沟的构成十分精致。宇和岛城天守（宇和岛市）建造于宽文五年（1665），它是拆毁了庆长初年的天守后重新建造的，增补了带唐破风的玄关。

备中松山城天守（高梁城，高梁市）是天和年间（1681—1684）的产物。它位于海拔420米的山顶之上，是唯一的一座山城遗址。高

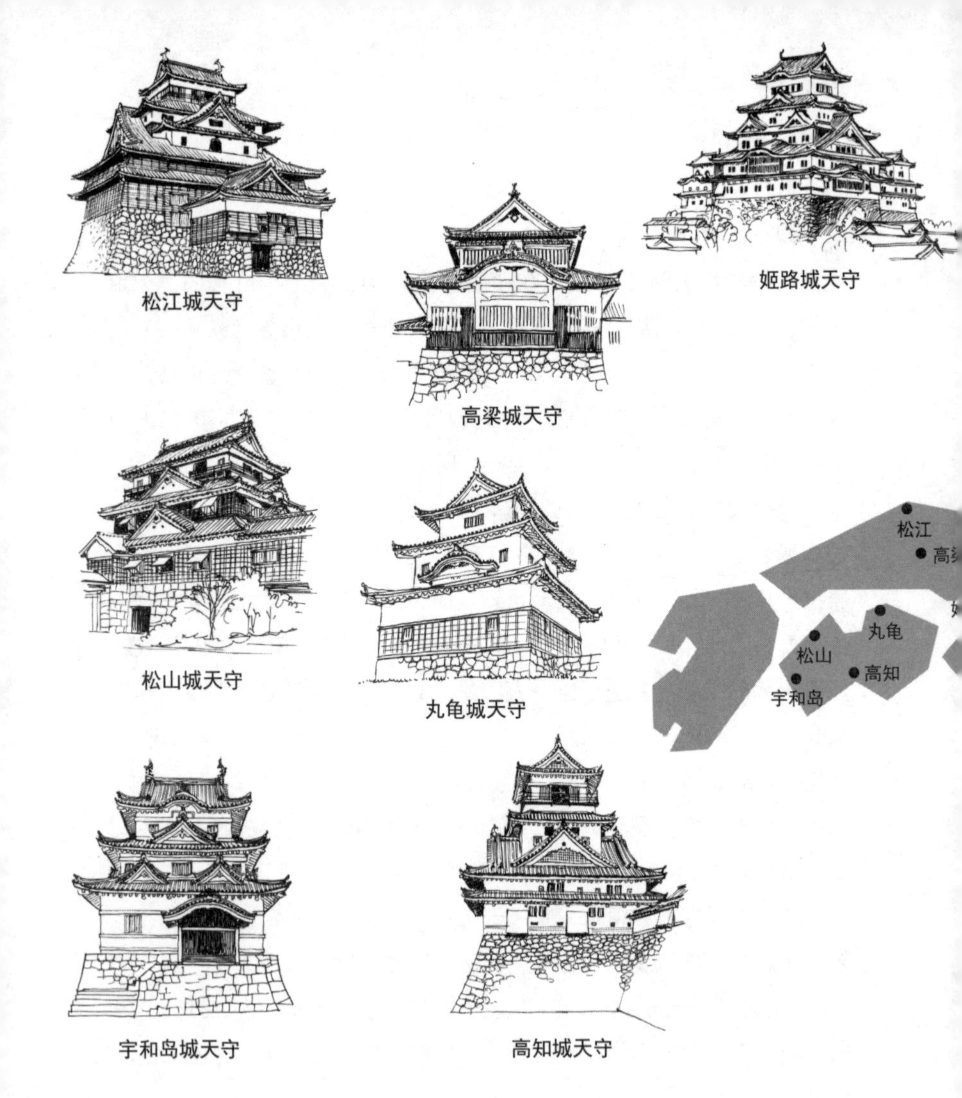

松江城天守　高梁城天守　姬路城天守　松山城天守　丸亀城天守　宇和岛城天守　高知城天守

知城天守（高知市）是焚毁后于延享四年（1747）重建的，原天守建于享保十二年（1727）。其形态为二层建筑，硕大的官邸上方载着一瞭望楼，属复古形式的天守。

弘前城天守（弘前市）是在宽永四年（1627）焚毁的天守的东南角建起的角楼式瞭望建筑，此建筑只在面向沟壑的两面，安装了起装饰作用的凸出式窗子。松山城天守（松山市）于天明四年（1784）焚毁，嘉永七年（1854）重建，配有小天守和角楼。

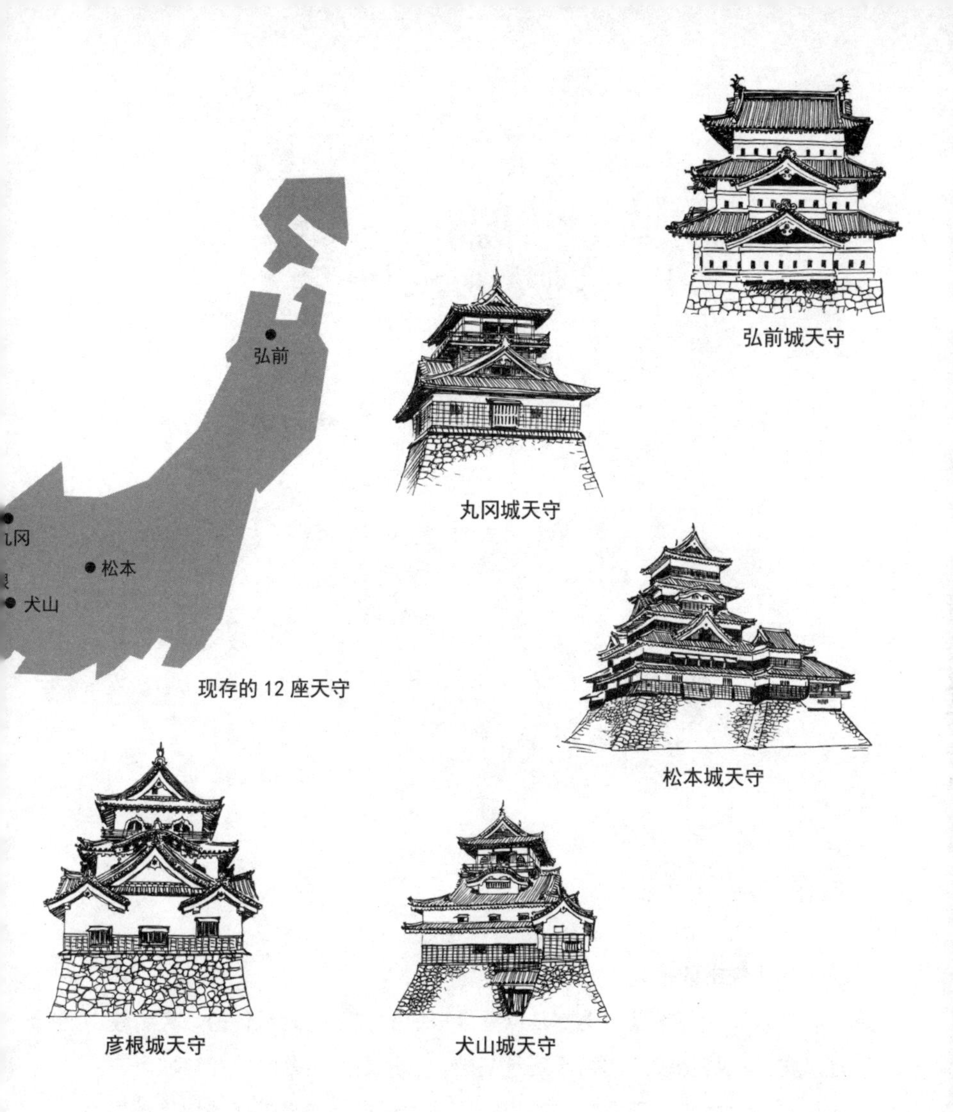

天守的各种形式

独立而建的天守称作独立式（如丸冈城），配有小天守等附属建筑的天守称作复合式（如犬山城、彦根城、松江城），通过四周的望楼将大、小天守连接起来的称作连接式，一个大天守和两个以上小天守相连接的称作联合式。也有位于这几种之间的复合连接式（如松本城）、复合联合式等。以姬路城为范例的联合式是其中最完备的形式。

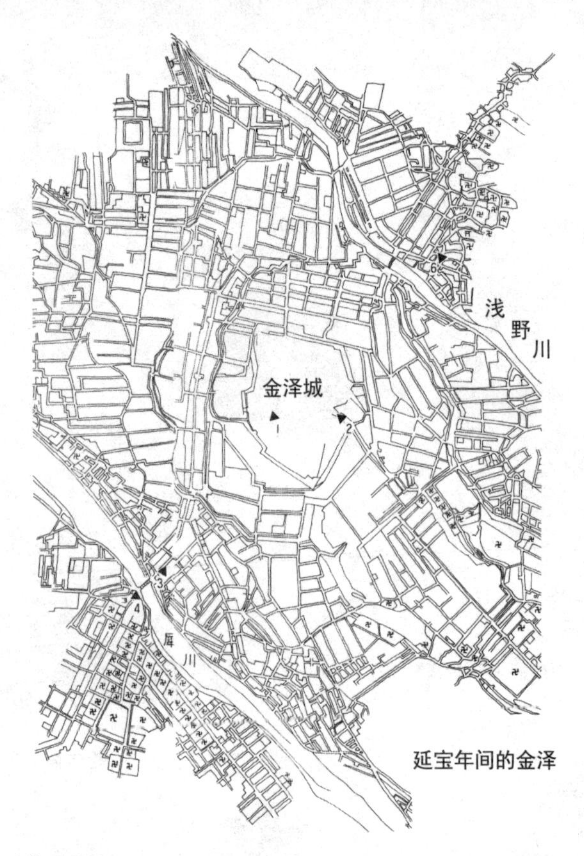

延宝年间的金泽

城堡和城下町

现代都市的基础

日本现代都市基本上都是以近世以前的城下町为母体的。大名建造城堡，其周围发达的街区就是基础。东京是德川幕府的江户城所在的城市，大阪有丰臣秀吉和德川家康的大坂城（江户时代使用“坂”字），京都除天皇皇居外，还有德川氏的公馆二条城。

城下町金泽

加贺前田家的城下町金泽至今仍处处留有江户时代的痕迹。当时以城堡坐落的山丘为中心进行城市划分（城市规划），据延宝年间（1673—1681）的绘图记载，城堡的周围配有武士的宅邸，宅邸的占地面积依俸禄高低决定。商业街街道两旁的门面房均为商铺，后面则

金泽城三十间长屋

金泽城石川门

喜多家住宅

东之廓

是匠人的住宅，据说街区划分采用的是同行业者聚集分配的方法。所谓盐屋町、锻冶町、木匠町等街区的名称，都是同行业者街区的遗风。

城堡下的建筑

城内建筑只剩下了石川门和三十间长屋。由表门、太鼓塀、望楼门、续望楼等 8 栋建筑构成的石川门建于天明八年（1788），是罕见的铅瓦铺顶。安政五年（1858）建造的三十间长屋属二重二层的多门望楼，总长 48 米，十分壮观。

藩主的庭院兼六园的一角有一文久三年（1863）藩主为母亲所建的成巽阁。紧靠城堡的尾崎神社（宽永二十年，1643），就是元城内的东照宫。

位于浅野川东岸的旧时的东之廓，一层的房子是清一色的格子窗。整个街道现如今也依然是当年的和谐风情。如同文政三年（1820）前后建造的客厅的紫色墙壁等，东之廓至今保留着很多具有优秀创意的、令人瞠目的建筑。

石川县野市町的喜多家住宅是从金泽市木材町迁过来的，初建于江户时代末期。面朝大路的长 22 多米的建筑物正面使人们联想到金泽城下町过去的街道。

木匠町

记录幕府末期的金泽城下状况的《金泽图屏风》生动地描绘了木匠町中木匠在街上工作的状态，以及走在架设于犀川之上的犀川大桥上的众生相，仿佛从画面传来了加贺百万石城城下的喧闹。

城下町的变化

城下町不仅是政治中心，也是经济、交通、文化等方面的中心之地。

在进行都市设计之际，无论是道路规划还是用水设计等，都采用了当时最先进的技术，因此这些也是了解日本城市设计技术的最佳资料。但是，随着时代的变迁，很多城市都发生了变化。考虑到城市要和居民共同生存，有些做法是迫不得已的，只是那些不假思索的破坏行为着实令人遗憾。

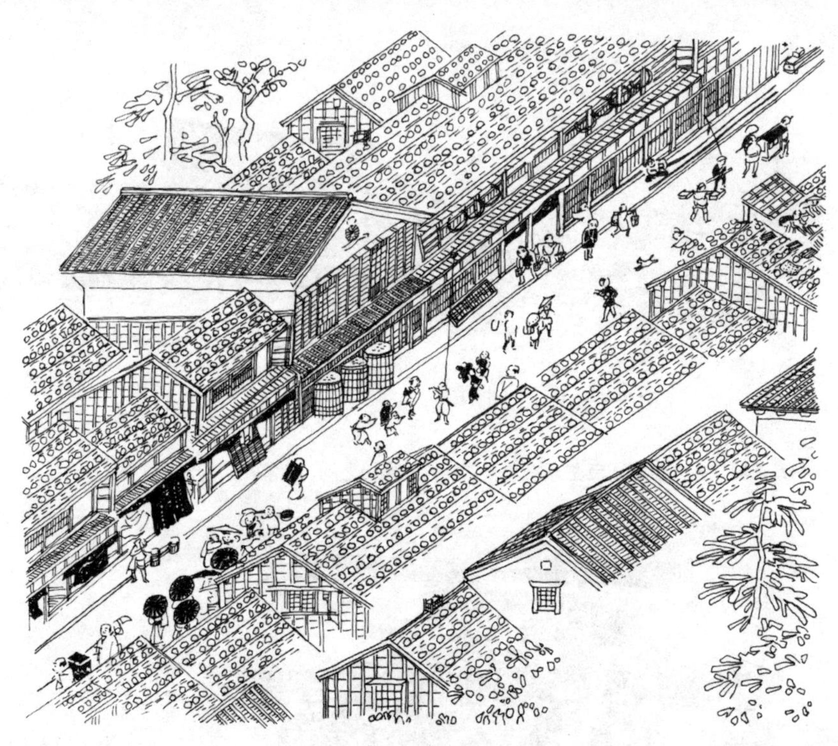
犀川口町

犀川大桥

二条城二之丸府邸（自左开始为黑书院、凤尾松之间、大客厅、迎客厅、值班房）

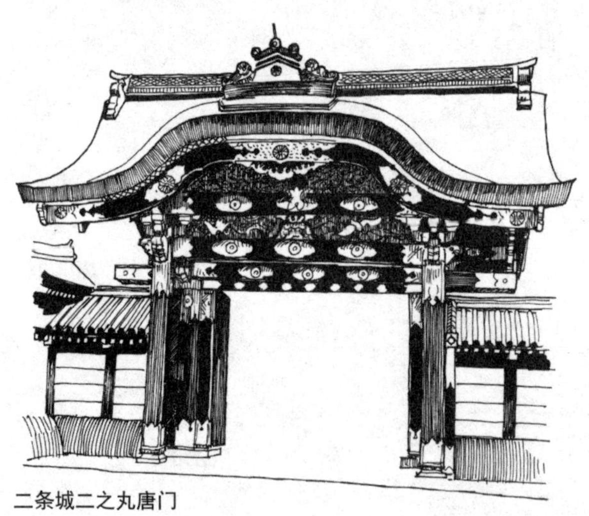

二条城二之丸唐门

城堡和贵族宅邸

城内的贵族宅邸群

城内所建建筑即大名的住所，也是执政的场所。例如江户城本丸（城堡的中心部分，也是建有天守的最主要的城郭）在 9.4 万坪（约 35.7 万平方米）的占地上，建起 1.1 万多坪（近 4.2 万平方米）的建筑。但是现在，仅仅留下了天守台的遗迹，建筑群全部消失。

二条城东大手门

大坂城、姬路城、名古屋城的贵族宅邸建筑群也消失殆尽。只有唯一的一处，二条城（京都）还保留着城内的贵族宅邸建筑群。

二条城二之丸贵族宅邸

将二条城创建在现在这里的是德川家康。工程从庆长六年（1601）延续到庆长八年。之后为迎接宽永三年（1626）后水尾天皇的行幸，自宽永元年开始实施改建的就是现在的二之丸府邸。除此之外还扩大了以前的城的占地，在本丸新建了大御所（日本古代亲王隐居的场所）秀忠的府邸；在二之丸新建了天皇行幸的行宫。只有二之丸将军家光的府邸是利用庆长年间家康的建筑彻底改建的。建筑物的内部以色彩斑斓的金箔壁画和屏风画装饰，格子窗上施入五彩的雕刻，还备有豪华的壁龛、多宝格架、几案、储藏柜，等等，其构成堪称绚烂。

在贵族宅邸建筑群前有一带池塘的大庭院。从宅邸可以望到庭院和五重天守（宽延三年，即1750年焚毁）。此大守包括天守台石墙在内，是一座40多米高的雄伟天守。

盛夏凉爽，严冬温暖，炭至水开，茶至心暖。此私密尽矣。

（《南方录》）

茶道的极致究竟是什么？当有人问千利休时，他这样回答。盛夏颇感凉爽，严冬颇感温暖，好炭莫过水沸，好茶莫过易饮。提问者略显困惑，这是人人皆知的事情。可千利休却说，你真的能做到这些吗？如果你做得到，我做你的弟子。《南方录》本身就不是利休时代的作品，所以我们无法断定这段话的真伪。然而，利休如此论茶是可信的。利休所憧憬的茶道并不拘泥于具体的操作手法，而是以“盛夏颇感凉爽，严冬颇感温暖”为理想，追求真正的自然。

盛夏凉爽，严冬温暖。当然这并不是在说要像现在这样拥有冷暖设备，而是说要顺应自然的规律，积极地享受自然。

春季观花、秋季赏枫、冬季听雪。享受四

季不同的风情，由此才能展开文学和艺术，茶道也不例外。

清少纳言在《枕草子》中富有风情地叙述道——“春之黎明”“夏之夜晚”“秋之黄昏”“冬之拂晓”。春季，当曙光露出之时，天空逐渐明亮，云霞飘拂缭绕，这正是春的风情。用时间来描绘四季，这期间饱含了美的意识。

如果将季节搬入室内的话，就诞生了插花。插花延续了在佛像前装点鲜花的源流。但是当人们将花插上，并欣赏其创意之时，便已超越了佛事，而成为一种艺术。

说到艺术，既有能乐，又有歌舞伎。能乐的舞台乃至歌舞伎的剧场，将人们带入超越空间和时间的物语的世界。不仅是演员，就连观众的心境也在不知不觉间脱离了现实。所谓舞台，就是为了实现这一目的创造的一个幻想空间。

文学也好，艺术也罢，抑或菜品、美酒、香茶，都是为了滋润心田而存在。它们的舞台不仅限于建筑和庭院，只要有“游艺”之心境，乡里、村舍、山脉、河流，一切都能成为舞台。在此我们将这些场合统称为风雅空间。我们期待读者在阅读此书之际，你们所处的场所也能成为一个风雅的空间。

极小空间的设计

茶道的成立

茶叶传入日本是在奈良时代。镰仓时代，禅僧将抹茶带入日本，进入室町时代后，由于将军的喜好而广为流传。将珍贵的器皿排列开来，在观赏的同时品出茶叶的产地，这种品茶的模式逐渐地转换成以沏茶品味为主的行为，赋予了茶叶以精神层面的意义。这就是茶道的诞生过程。

书院之茶与草庵之茶

茶道最初只有武士和公家的客厅中才有。这种客厅称作大厅或书院，据说在那里品味的茶叶称作书院之茶。

在书院之茶盛行的同时，使用茶道专用的小房间的情况也日渐增多。人们使用榻榻米六铺席到四铺席，甚至是两铺席的极其微小的空间，在狭隘中从事充实心灵的茶道活动。用于茶道的狭小房间的墙壁为泥土墙壁，墙壁上有能看到泥土内层中竹条构成的窗子（不带泥土层的窗子），窗子是竹子制成的格子窗，等等，设计中融入了草庵风格的情趣。

茶道专用的空间称作茶室，根据草庵风格设计的草庵茶室经千利休确立下来。然而利休所建造的茶室从文献记载看虽然有好几处，但实际存在的不过只有待庵。

待庵

据传，位于京都以南、下山崎妙喜庵的待庵是天正十年（1582）与明智光秀作战的羽柴（丰臣）秀吉命令利休建造的，利休很可能将自己在山崎客厅中的茶室迁至妙喜庵。

茶室有榻榻米两铺席大，外加一铺席的接待间（墙壁的边上是木板芯的榻榻米）和一铺席的厨间。两铺席大小的地方有一半是烧水沏茶的地方，另一半是客座，作为茶室仅有这些是极其狭小的。不过加上壁龛部分，室内便宽广了，如果将接待间也用作客座的话，就更加

宽绰了。

客人从高2尺6寸（约78厘米），宽2尺3寸6分（约72厘米）的小门进入茶室。人们普遍认为利休出入的小门属于比较大的，尽管如此还是必须弯腰才能进入。弯腰进入可以令人不会感到内部空间的狭小。

妙喜庵待庵

设计上的用心

看向天井，我们会发现壁龛的前面和左侧是薄木板（专门用于铺设房顶用的薄板），薄板上顶着白竹；壁龛的右侧，在躏口（茶室所特有的小出入口）的上方是露出竹椽的顶棚。顶棚部分缓解了天井之

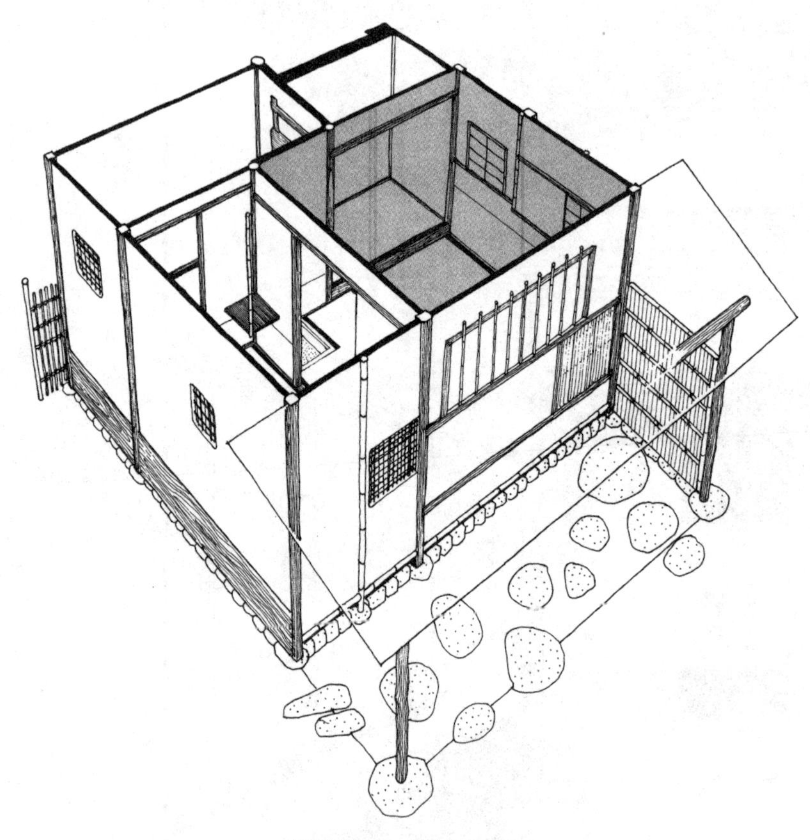

妙喜庵待庵　等角透视图

低。壁龛是泥土墙壁，没有露出的角柱，炭炉上的墙壁也都将角柱涂上泥土而没有显露痕迹。这些心思都使房间不显得过于狭小，也是让室内富有变化的一种设计上的尝试。

拉门的框架是竹子，壁龛的框架上有三处竹节。壁龛所用的柱子

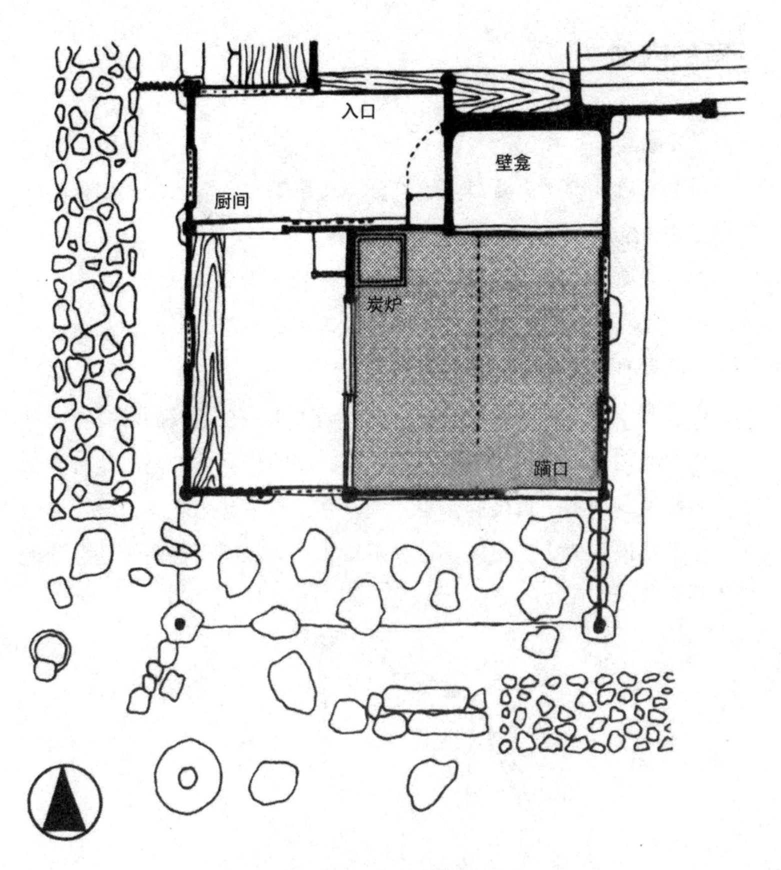

妙喜庵待庵　平面图

是北山圆木。这是一间极其优秀的茶室，墙壁上窗子的大小和位置、壁龛的顶棚和横梁的高度等，处处都令人感受到利休的设计风格。

这里所展示的画面撤去了接待间与其他部分之间的拉门等，我们可以清晰地看到厨间及其后面的部分。

茶室的内部

立体图画

茶室的内部设计需要夸张地充分表现草庵的风情。从木构件的选择到尺寸和位置的确定，都必须精雕细琢。

尽可能原封不动地重现一件优秀的作品（摹写），目的在于尽可能地接近以利休为首的设计者（同时也是优秀的茶人）的作品，同时也说明茶室的设计是非常困难的。

将优秀作品的画面描绘在纸上，剪切下来，在地板的部分涂上糨糊，粘上墙壁，组装起一个简单的模型。这叫作立体图画。这种立体图画可以反复使用，折叠起来也方便携带。组装起来观察内部，会出现一个茶室内部的小的空间。这种形式带给人们平面图所无法获得的立体感。

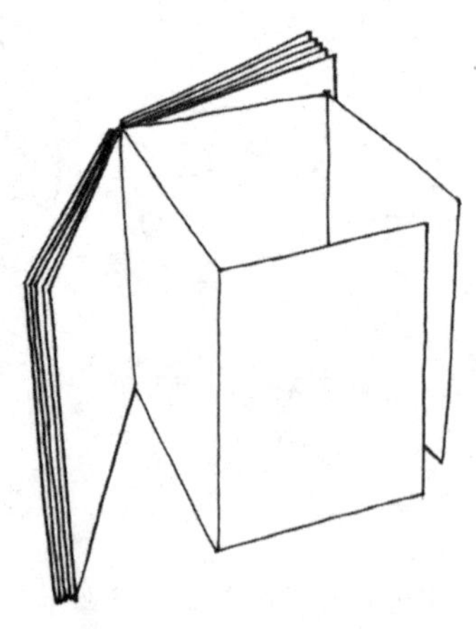

立体图画是在地板部分将墙壁的下端粘上去，将墙壁一面面地立起来、组装而成的。这里遗憾的是无法制作地板和天井，但其折叠形式就如同图中所示，多少可以品味到立体图的氛围。②⑦为外壁；①为与接待间相隔的拉门关闭后的外侧情况；③④⑤⑥是两铺席的茶室的内部情况。壁龛原本是凹在里面的。④⑤两页的连接处全都涂上了泥土，看不到柱子。参考平面图将两铺席的地板制作出来放在下面的话，不仅能把握住室内的情况，还能从躏口处进入一窥室内的情景。这的确也是一种乐趣。

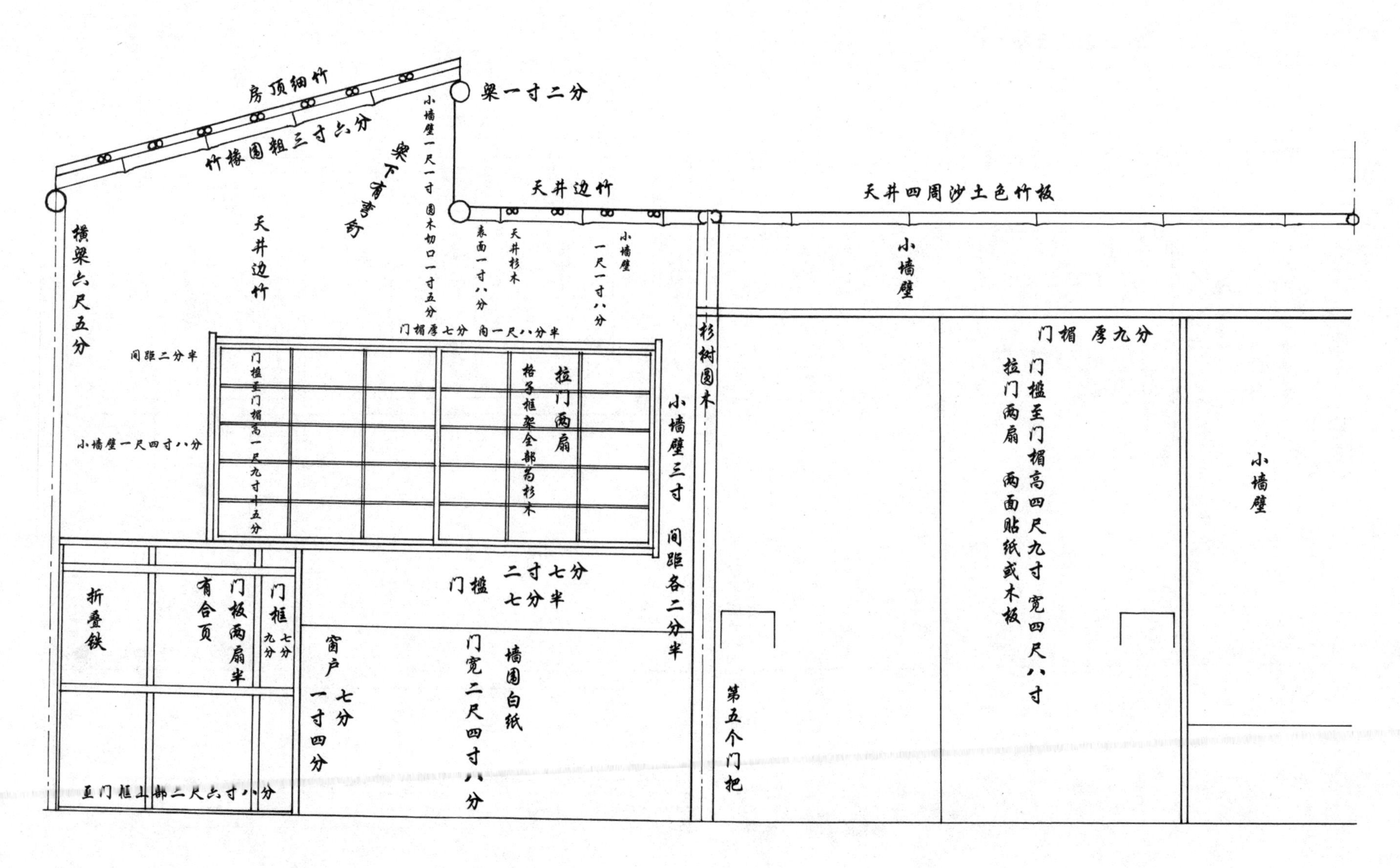

房顶细竹
竹椽圆粗三寸六分
梁一寸二分
梁下有弯形
小墙壁一尺一寸 圆木切口一寸五分
天井边竹
天井四周沙土色竹板
横梁六尺五分
天井边竹
表面一寸八分
天井杉木
小墙壁 一尺一寸八分
小墙壁
门楣厚七分 内一尺八分半
间距二分半
门槛至门楣高一尺九寸十五分
格子框架全部为杉木
拉门两扇
杉树圆木
门楣 厚九分
小墙壁一尺四寸八分
小墙壁三寸
间距各二分半
拉门两扇
门槛至门楣高四尺九寸
两面贴纸或木板
宽四尺八寸
小墙壁
折叠铁
有合页
门板两扇半
门框 七分 九分
门槛
二寸七分
七分半
窗户 一寸四分 七分
门宽二尺四寸八分
墙围白纸
第五个门把
至门框上部二尺六寸八分
③
④

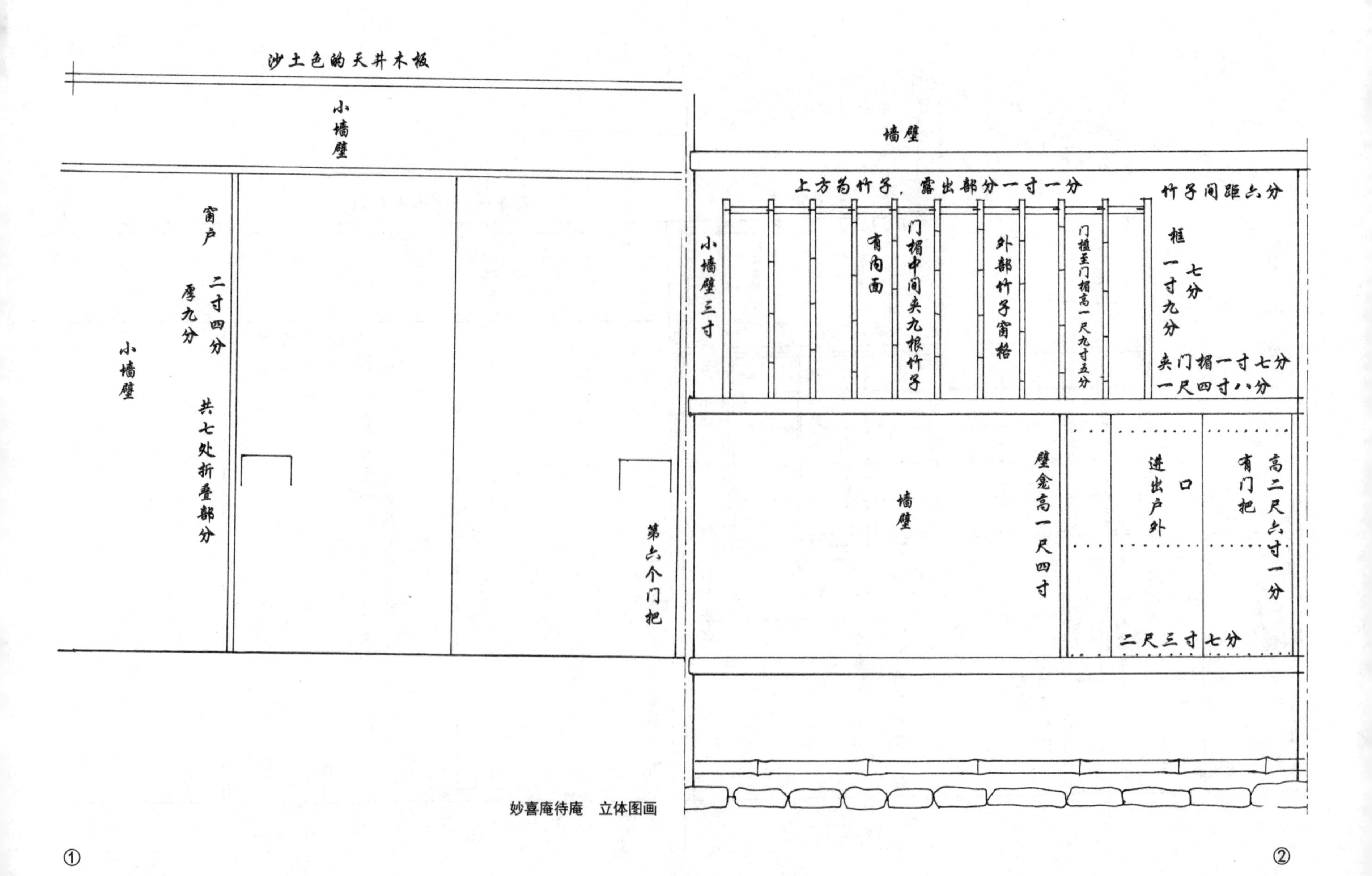

沙土色的天井木板
小墙壁
窗户
二寸四分
厚九分
小墙壁
共七处折叠部分
第六个门把
墙壁
上方为竹子，露出部分一寸一分
竹子间距六分
小墙壁三寸
有内面
门楣中间夹九根竹子
外部竹子窗格
门槛至门楣高一尺九寸五分
框
一寸九分
七分
夹门楣一寸七分
一尺四寸八分
墙壁
壁龛高一尺四寸
进出户外
口
有门把
高二尺六寸一分
二尺三寸七分
①
②

妙喜庵待庵　立体图画

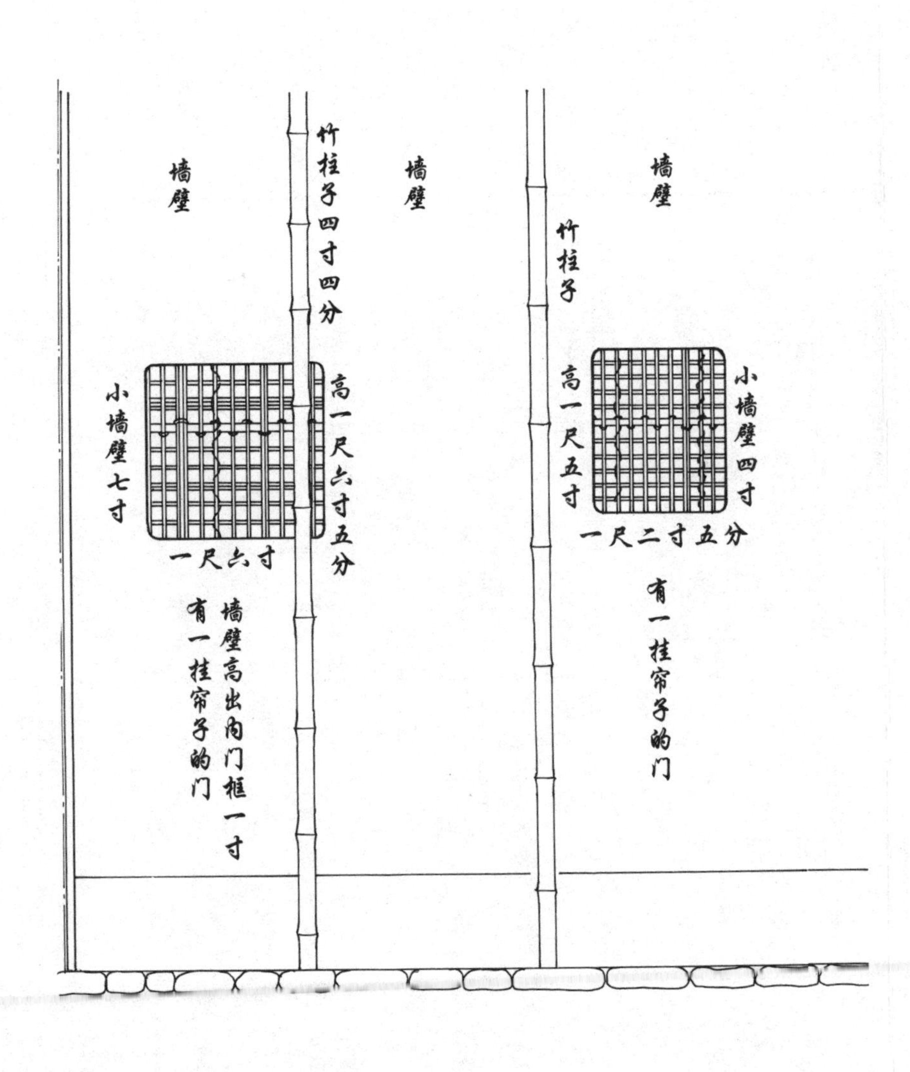

墙壁
竹柱子四寸四分
墙壁
竹柱子
墙壁
小墙壁七寸
高一尺六寸五分
一尺六寸
高一尺五寸
小墙壁四寸
一尺二寸五分
墙壁高出内门框一寸
有一挂帘子的门
有一挂帘子的门

⑦

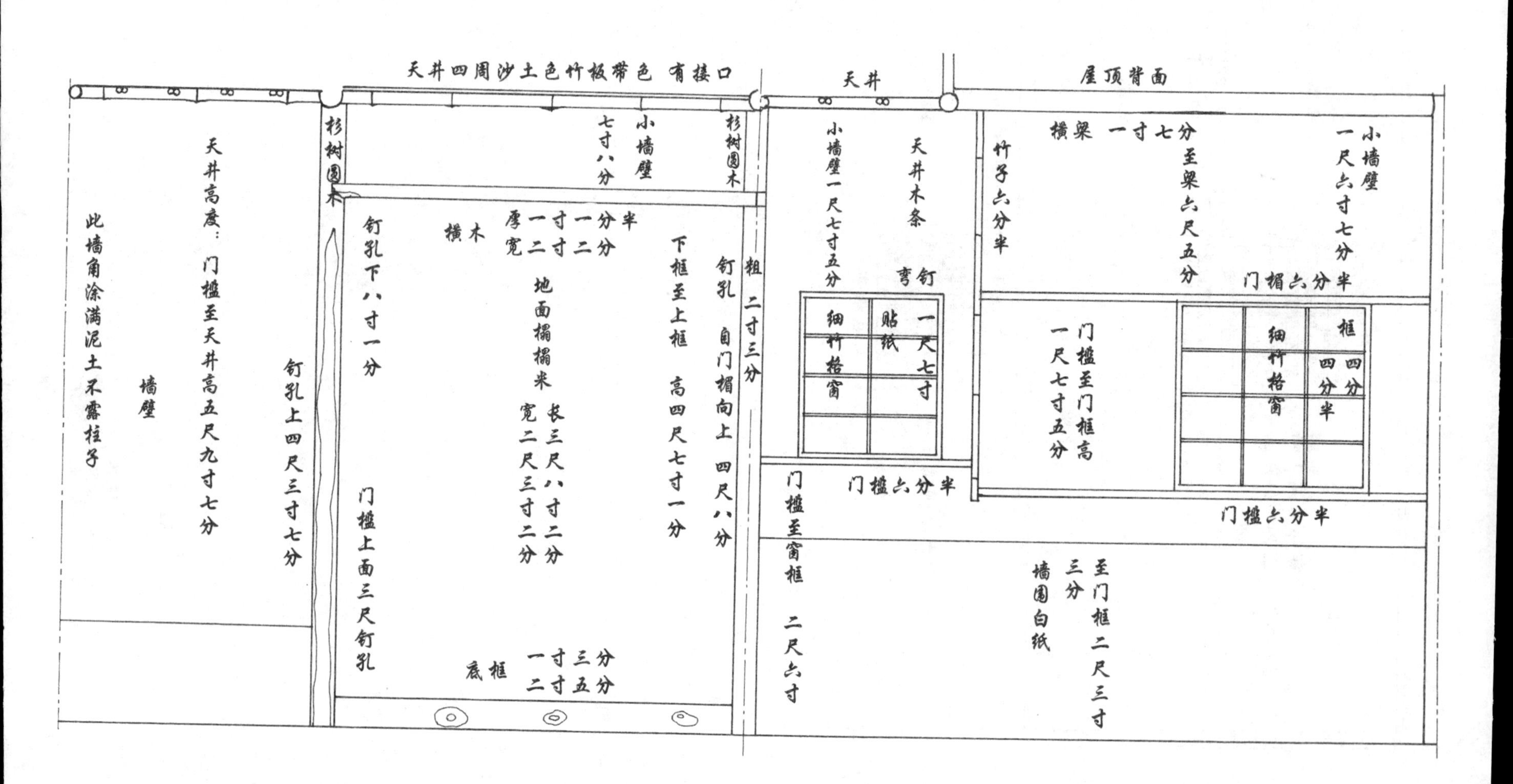
天井四周沙土色竹板带色 有接口
天井
屋顶背面
杉树圆木
小墙壁 七寸八分
杉树圆木
天井高度：门槛至天井高五尺九寸七分
此墙角涂满泥土不露柱子
墙壁
钉孔上四尺三寸七分
钉孔下八寸一分
横木 厚一寸一分半 宽二寸二分
地面榻榻米 长三尺八寸二分 宽二尺三寸二分
下框至上框 高四尺七寸一分
钉孔 自门楣向上 四尺八分
粗二寸三分
门槛上面三尺钉孔
底框 一寸三分 二寸五分
小墙壁一尺七寸五分
天井木条
弯钉
细杆格窗
贴纸
一尺七寸
竹子六分半
横梁 一寸七分
至梁六尺五分
小墙壁 一尺六寸七分半
门楣六分半
门槛至门框高 一尺七寸五分
细杆格窗
框 四分
四分半
门槛六分半
门槛至窗框 二尺六寸
门槛六分半
墙围白纸
三分
至门框二尺三寸

草庵茶室

空间的展示

草庵茶室只有榻榻米两铺席到四铺席大小。人们在如此狭小的空间里凝聚智慧，设法创造变化。例如窗户，从设计上讲它是一个重要的因素，不仅有采光、换气的作用，还可以依季节和时间的不同，装拆挂在外侧的窗扇、调节窗扇的角度，将室内的明暗做出各种各样的改变。

此外也有像又隐和如庵那样，在屋顶上方安装一个天窗，从天窗进入的光线对于茶道的操作也能发挥重要的展示作用。如庵还在正面左侧安装了庇檐，展示了独特的外观构成；茶室内部在壁龛的旁边安装了三角形的地板，使墙壁看上去倾斜，等等，这些都是富有变化的创意。

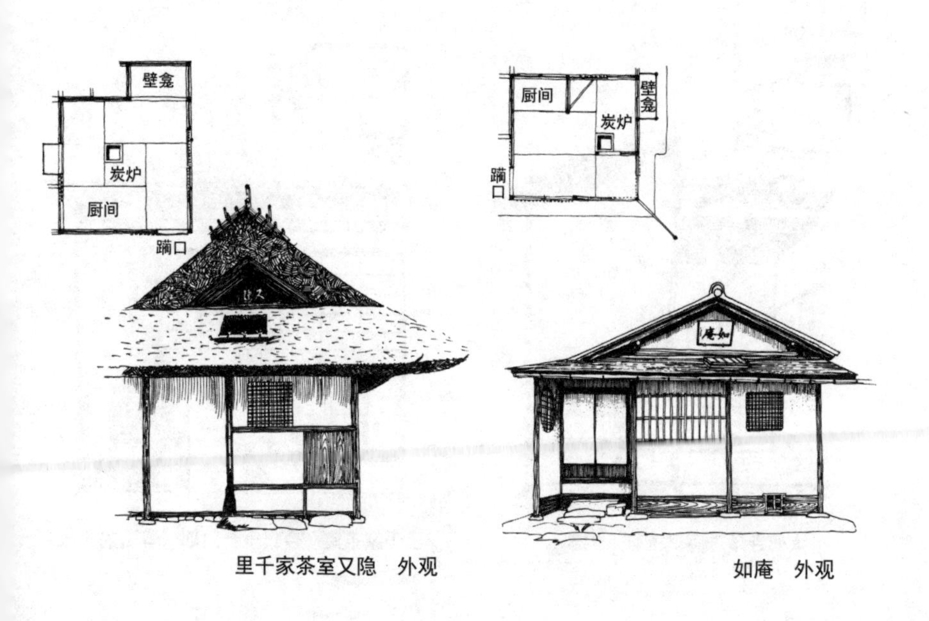

里千家茶室又隐　外观

如庵　外观

珍珠庵庭玉轩虽是只有榻榻米两铺席的极小空间，但是设计上别具匠心，将入口处的外侧纳入室内，让天井富有变化，并竖立精心挑选的赤松柱子（这种弯曲的柱子也称作弯柱），等等。

今日庵的构成是榻榻米一铺席的客座和 3/4 铺席的主人沏茶的地方，沏茶座位的前面放置了榻榻米式木板。榻榻米式木板的旁边是竖立着赤松柱的侧面小墙壁，营造出一方相当于壁龛的空间。现在倘若将侧面的小墙壁拆掉，可以看到躏口和窗子的构成非常严密牢固。

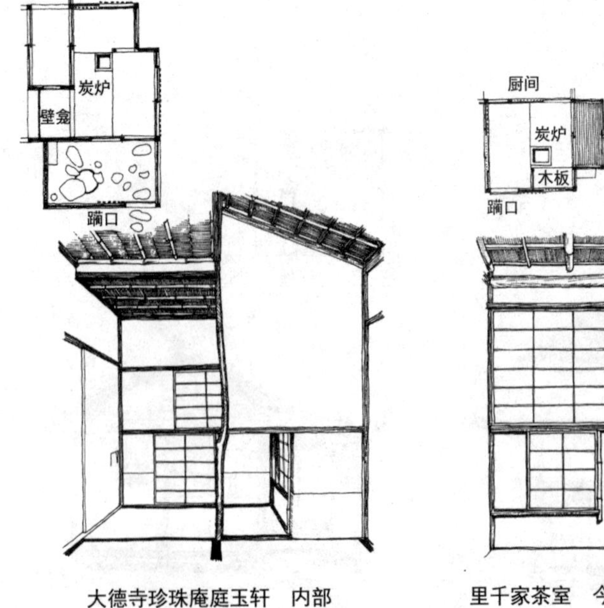

大德寺珍珠庵庭玉轩　内部

里千家茶室　今日庵　内部（壁面的构成）

小路的构成

前往茶室的预备空间

茶室是一个与外界隔绝的独立小空间。为了实现专心致志地在这样一个小空间中沏茶品饮的行为，当人们即将步入茶室的时候，就已经置身于一个与俗世不同的精神世界了。

从市内的街路进入武家的宅邸或寺院，那条通向茶室的道路经过了各式各样的苦心设计。它不是一条普通的道路，而是为茶道预留的一方准备空间。为了避免客人直接看到茶室，要种植树木；地面石块的摆放不仅要方便客人行走，还要富有雅趣——当然也不能令创意过于醒目。小路分内外两侧，在分界处设置中门或小门。小门需要躬身才能进入，这或许可以使人们真实地感受到距离茶室越来越近。

在茶室的入口处还设置了等待进入茶室的长条凳、清洗双手的石盆，夜晚还有照明的灯笼，等等。

表千家的小路

在表千家，茶室不审庵和书院风格的残月亭并排建在一起，不审庵的前面有洗手的石盆、厕所和长条凳。进入这个小小区域的入口是梅见门。残月亭前，梅见门和小门之间独自构成一个世界，由此经萱门有一条通往祭祀千利休祖堂的道路。小门的外面置有长条凳。

小路的建设始于京都和大阪的居民们对通往建在宅邸后面的茶室之路的各种设计，因为品茶之人不仅关注茶室，同时也关注茶室的外部空间。

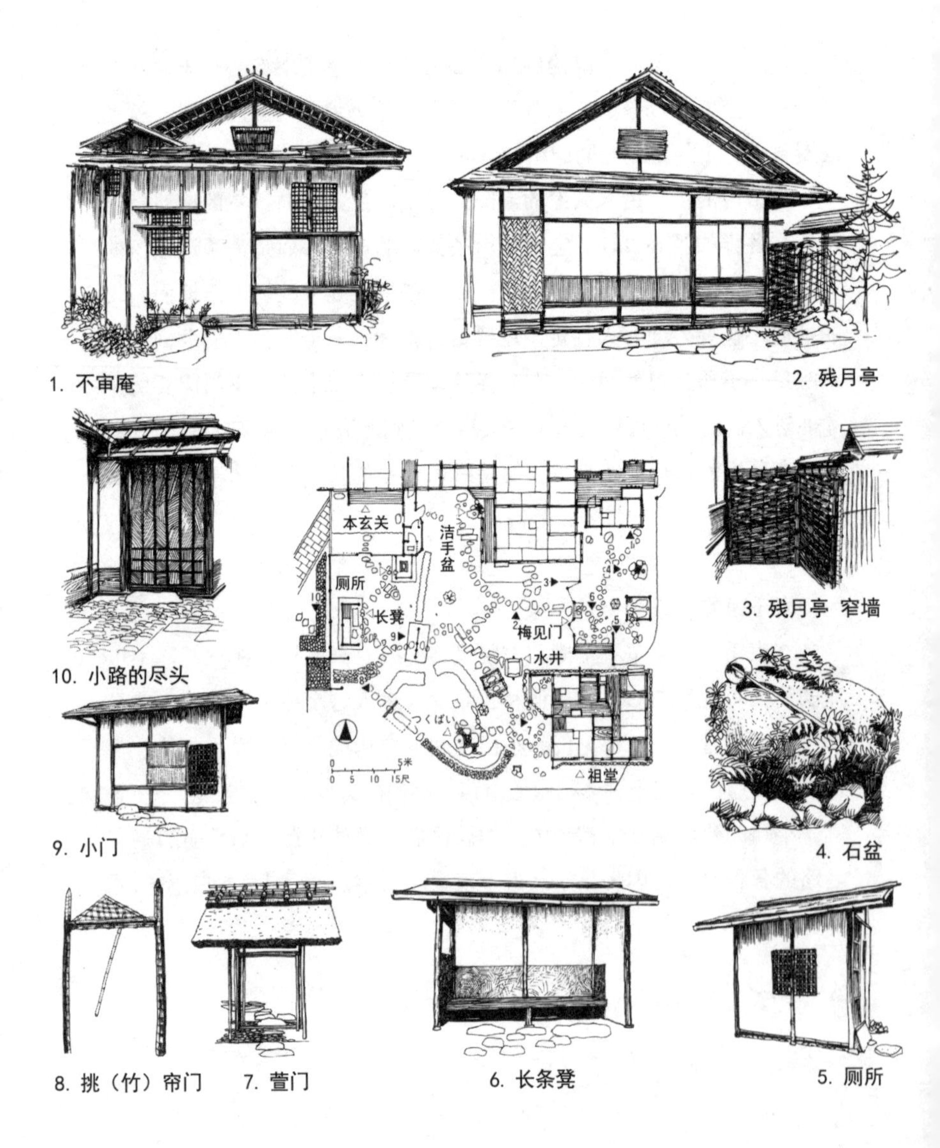

1. 不审庵

2. 残月亭

3. 残月亭 窄墙

4. 石盆

5. 厕所

6. 长条凳

7. 萱门

8. 挑（竹）帘门

9. 小门

10. 小路的尽头

能乐

能乐的完成

由观阿弥清次和世阿弥元清父子完成的能乐是由谣（能乐中的唱词）、舞、伴奏构成的一种演艺形式（歌舞剧）。它可以分为两个体系：一是由在寺院和神社上演的猿乐（散乐）发展而来的猿乐能；二是由农民在从事农耕和祭神活动中的一种舞乐（田乐）发展而来的田乐能。两个体系相互影响、发展，最终观阿弥和世阿弥将它们变成了以幽玄为宗旨的艺能形式。

据说应安七年（1374），将军足利义满在京都的今熊野观赏了观阿弥、世阿弥父子的能乐表演，之后对父子俩施以保护，精通茶道、花道、连歌（和歌的一种）的风流大名佐佐木道誉也曾与世阿弥切磋艺能。

世阿弥于应永七年（1400）至应永九年创作的《花传书》是一本关于能乐的艺术论。他认为"花与趣味、珍奇，三者同心"，等等。"花"一词说明了能乐是非常有趣的，必须做到任何人都能够欣赏。在现在上演的约240部能乐中，能够判明是世阿弥作品的约有25部，还有约25部也很可能是世阿弥创作的。世阿弥所言之"花"至今仍广为流传。

丰臣秀吉和德川家康等近世武将也非常喜欢能乐，江户时代在武家宅邸设置能乐舞台是司空见惯之事。

早期的能乐舞台

据描绘室町时代末期状况的《洛中洛外图屏风》记载，能乐舞台的屋顶只是架设在舞台上方，四周是没有墙壁的。

西本愿寺北能乐舞台有天正九年（1581）的墨迹记载，因此是现存最古老的能乐舞台。能乐舞台成为现在的这种形式是室町时代末期至桃山时代（1573—1603）的事情。

西本愿寺的室内能乐舞台

最早的能乐是在宅邸内表演的，将榻榻米掀起，利用铺了木板的

室内舞台。西本愿寺的对面所和白书院的室内舞台至今仍保留着当时的情景。

对面所（鸿之间）在宽 9 间、纵深 2 间半的上段（其中从 1 间半至 2 间半的地方为上上段）的前面，有一 9 间加 9 间的宽敞空间。上段正面从左开始依次排列着储物柜、壁龛、多宝格架（上上段部分带几案）。尽人皆知，用色彩艳丽的壁画装饰的豪华房间是书院造的代表作品。西本愿寺的对面所原本是元和四年（1618）临时建造的，宽永十年（1633）迁至此，内部的装修也应该是这个时期完成的。

能乐的设备

将下段部分的榻榻米掀起的话，充当舞台和桥廊的地板已经铺好。地板的表面经过细致的打磨，非常平滑，桥廊部分的地板微微倾斜，

本能寺室内
能乐舞台

西本愿寺北能乐舞台

并配有栏杆。桥廊后面连着后台部分的栏杆被拆卸了下来。舞台的后面悬挂幕布，用灯火照明，而能乐的表演就在这浮现于昏暗中的舞台上进行，观赏时要坐在上段或上段的前面。

能乐舞台

能乐舞台的构成

舞台之大小为 3 间 4 方，后面有纵深 1 间半的后座（位于能乐舞台后方的宽 3 间、纵深 1 间半的空间，横面有挡板，属舞台的一部分），右侧带有一个半间宽的地谣座（位于舞台侧面，是伴唱者就座的地方）。桥廊从后座的左侧向后方倾斜延伸。桥廊宽约 1 间半，长 6 至 11 间，两侧装有栏杆，尽头是挂有垂幕的幕口，幕布中就是镜之间。它的后面通向后台。

严岛神社能乐舞台

舞台正面的板墙上画着一棵老松树，据说这是能乐在神社中上演的时代，舞台设置于神树前面的遗风。

现代的能乐堂无论是舞台还是观众席，都包括在建筑物之内，但是类似严岛神社舞台和西本愿寺舞台这样的建造在户外的能乐舞台，就需要借助其他建筑物来观赏了。现代的能乐舞台不仅建造在室内，而且舞台的上方还覆盖屋顶，舞台的四周铺满白砂，成为一片白洲，这便是舞台位于户外时期的遗风。

当潮水涌来之时，严岛神社能乐舞台便浮在海面上，在展示幽玄意境方面发挥了不可多得的效果。

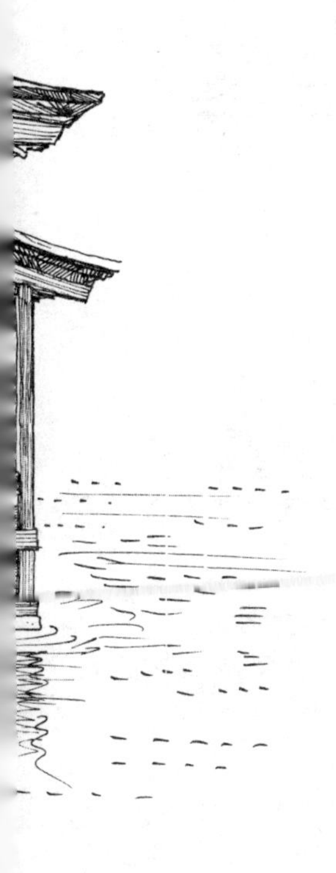

二条城的能乐舞台

宽永三年（1626）九月，后水尾天皇举行二条城行幸之际，在大客厅南面修建的舞台上，上演了能乐，天皇以及将军家光、大御所（对隐居的亲王的尊称）秀忠等坐在大客厅观赏。根据描绘当时情景的图画看，舞台大小是 3 乘 3 间，后座为 1 间半，地谣座为半间，镜之间为 2 乘 4 间，其后面的后台是 3 乘 17 间。为演员服务的人员现在要从后座右侧的耳门进出，而这幅图上似乎没有耳门。

后水尾天皇的这次行幸是德川将军在自家的公馆二条城招待的，除了饕餮酒宴之外，能乐便是重要的招待内容了。上午 10 时左右，由翁、三番叟二人的表演开始，表演了《难波》《田村》等剧目，待观世大夫表演的《猩猩》落下帷幕时已是下午 6 时了，户外的舞台上秋日的夜幕或许已然降临。

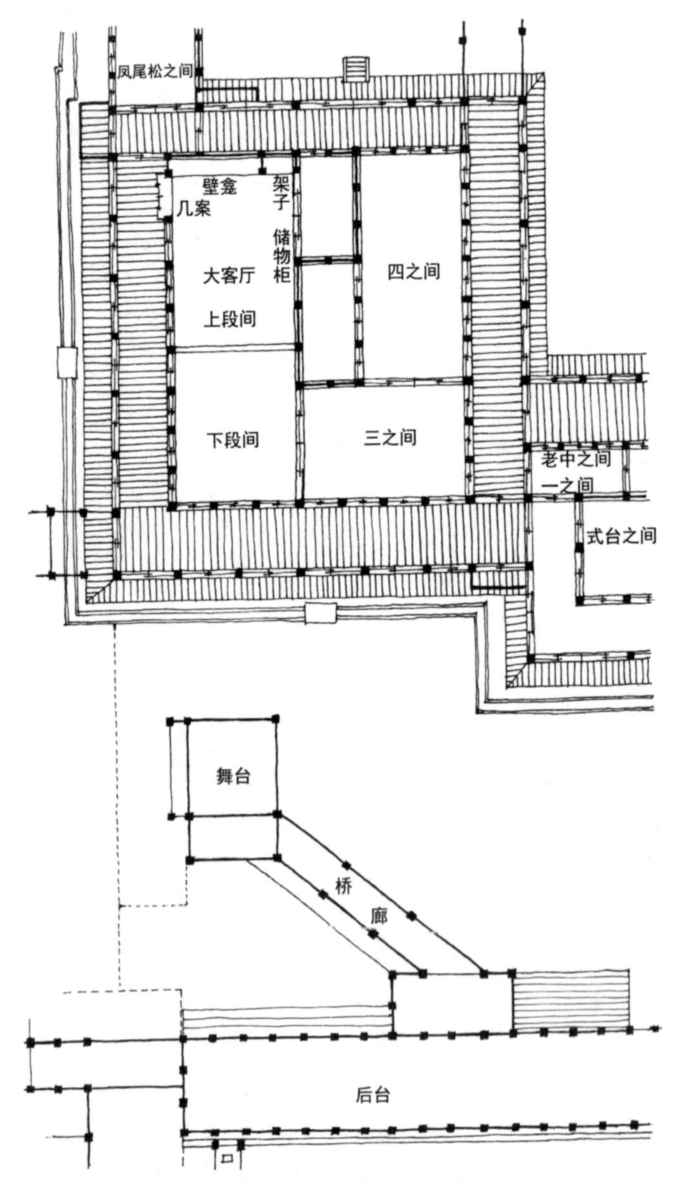

宽永二条城能乐舞台和大客厅

歌舞伎

三层观众席位

正德四年（1714）一月十二日，大奥（将军子女及正室等的住所）年长的绘岛在木挽町五丁目的山村座观戏，并在剧场主人山村长太夫的家中与演员生岛新五郎等举行酒宴。由于时值参谒增上寺的归途中，幕府认为此为不轨之事，便于三月五日处置了绘岛等，山村座也因此遭到彻底的破坏。当时江户有山村、中村、市村、森田等四座剧院，这之后只剩下了三座。

镇公所将这三座剧院的主人及茶屋（负责为观众提供食品和饮料的小卖店店主）传唤在一起，做出如下指示，“尽管狂言和戏剧的观众席近年来变成了两层、三层，但是还要像以前一样，除一层之外全部废除；从观众席到演员休息室和剧场主的居住场所要建一条内部通道，不能在观众席处垂挂帘幕”，等等。

歌舞伎的发展

歌舞伎以表演念佛踊（边念佛边舞蹈的民间艺术）等的出云阿国为师祖，于庆长时期（17 世纪初）从出云来到京都。最初借助能乐舞台表演，渐渐地受到百姓的欢迎，发展壮大起来。绘岛事件后，镇公所颁布的指示意味着在 18 世纪初的江户就已出现了拥有两层、三层观众席的歌舞伎专用剧场。

镇公所的指示中还有这样的具体内容，“剧场的屋顶近年来已经做到雨天也能演出，但是还是要控制在少数范围内”。拥有雨天也能演出的覆盖全剧场的庞大屋顶的地方，当时只有为数不多的几座大建筑。

扩大横梁距离

要想建起大的屋脊，就需要长而大的横梁。元文四年（1739）描绘市村座的图画中，靠近中央的地方、一层的观众席处竖立着一根支撑横梁的立柱。或许这时还没有架设大而长的横梁吧。根据宽保三年（1743）鸟居清忠描绘中村座的图画看，并没有支撑横梁的立柱，但

是在二层观众席的前面位置有一立柱，借助着斜插的木头支撑着横梁。文化三年（1806）歌川丰久的图画中也描绘了在二层、三层的观众席的前端有立柱支撑着横梁。

在被认为是文政末年歌川丰国描绘的中村座的图画上，这根支撑横梁的立柱便消失了，剧场内非常工整。丰国安政时期描绘的猿若町剧场的图画中也同样没有立柱。据说，市村座的舞台布置监督长谷川勘兵卫（文久元年，即 1861 年殁）考察了称作龟甲梁的组合横梁后，认为可

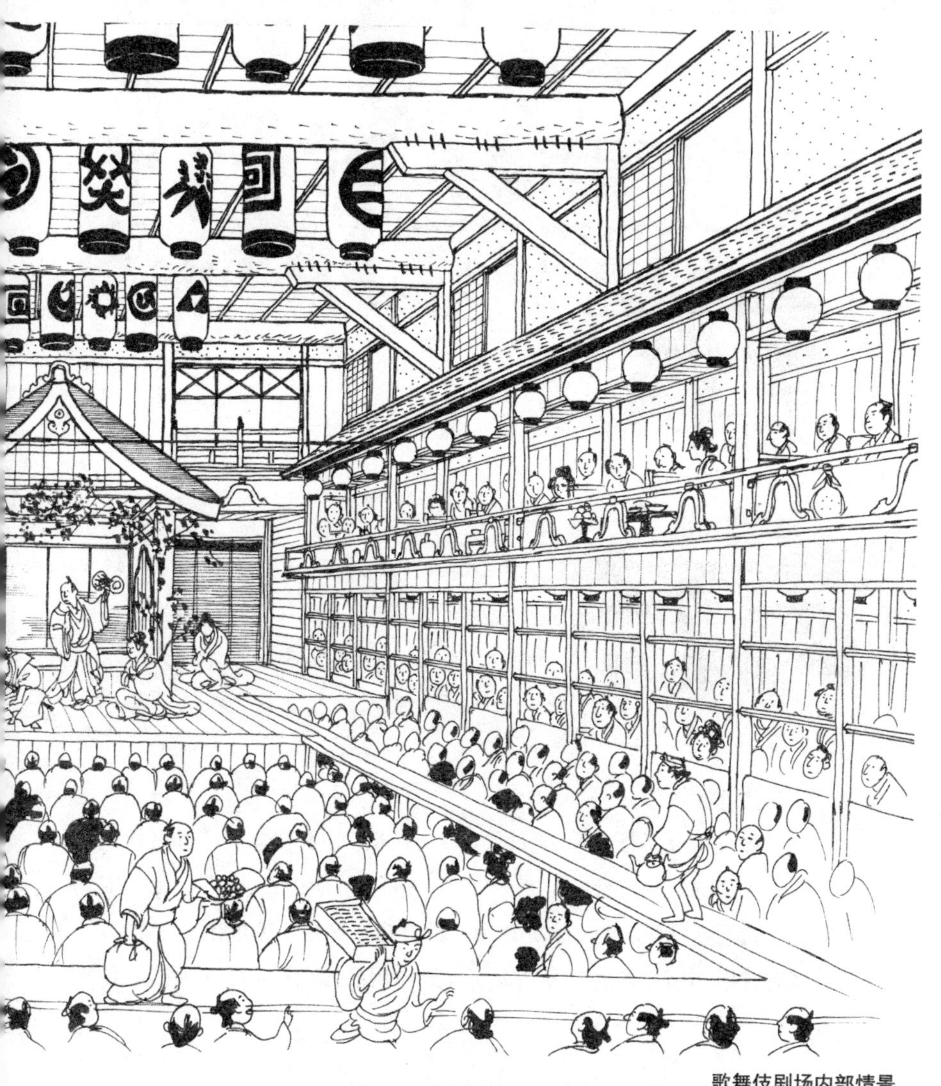

歌舞伎剧场内部情景

以不用如此大而长的横梁，其结果使得建造大的空间变为可能了。

当时歌舞伎剧场的梁的间隔超过了10间（约18米），根据文化六年（1809）的记载，“栋高缩减到2丈4尺”，由此可见即使缩减也仍然有2丈4尺（约7.2米）之高。之所以建造如此之大的建筑，毋庸赘言是为了容纳与此相应的众多观众。当年与现代不同，是一个娱乐形式极少的时代。

歌舞伎得到绝大多数百姓的拥戴。

金毗罗剧场（根据推测复原）

歌舞伎剧场

金毗罗剧场

现存的江户时代规模较大的歌舞伎剧场只有琴平的旧金毗罗剧场（金丸座）一家。该剧场于天保六年（1835）上梁，现在已将其迁移保存。剧场属庞大建筑，正面宽 12 间（1 间为 6 尺 5 寸，约 23 米），纵深 18 间 4 尺（约 36.7 米），栋高 11 米。

舞台设备

歌舞伎舞台拥有直径 24 尺（约 7.27 米）的旋转舞台。舞台地板下面的（底部）旋转台中央有一立柱，柱子的顶部有一凸起，上面安装凸起的五金设备，以此为旋转轴。圆周部分安装了帮助旋转的陀螺。距离旋转中心 2.3 米的地方装有 4 根旋转用的推动杆，四个人推动使其旋转。

旋转舞台（金毗罗剧场的底部，根据推测复原）

升降舞台（拉起）

旋转舞台处设置了升降舞台，花道（演员上下舞台的通道）上设置了称作乌龟的让幽灵等出现的小型升降板。升降舞台大小为 6 尺 3 寸乘 3 尺 1 寸 5 分，小型升降板大小为 2 尺 6 寸乘 2 尺。

升降舞台和小型升降板都是将演员和大型道具从舞台底部推至舞台的一种装置。在舞台底部向上拉的人累得汗流浃背、浑身泥土。据说因为从地面上将舞台拉上去恰似植物中的水芹从泥土中生长出来，所以升降舞台也被称作“水芹”；同样小型升降板也恰似乌龟从泥土中探出头来，故也被称作“乌龟”。尽管这些装置都是为了提高演出效果，但是在底部工作的人们的确是非常辛苦的。

中村座

人们以元文五年（1740）中村座的图画（奥村政信绘画）和宽保三年（1743）中村座的图画（鸟居清忠绘画）等为资料，复原了位于江户堺町的中村座。舞台和整个观众席都有屋顶覆盖，正面的两侧设置入口。正面中央有一望台，望台的下方是招牌板。

当时的歌舞伎舞台有类似能乐舞台那样的拥有坡顶的本舞台，本舞台的前面有一附属舞台，在这里斜着安装花道。支撑坡顶的两根柱子上悬挂着展示戏剧名称的招牌板。这两根柱子限制了舞台上的表演动作，对于观众席的观赏也是一种妨碍。在文化、文政时期描绘舞台的画面中，坡顶屋顶和柱子都已看不到了，所以可以认定它们是在 18 世纪后半叶被取缔的。旋转舞台的出现也是在 18 世纪的后半叶，可以说这一时期剧场内的各项设施得到基本完善。

四条河原的歌舞伎（《洛中洛外图屏风》）

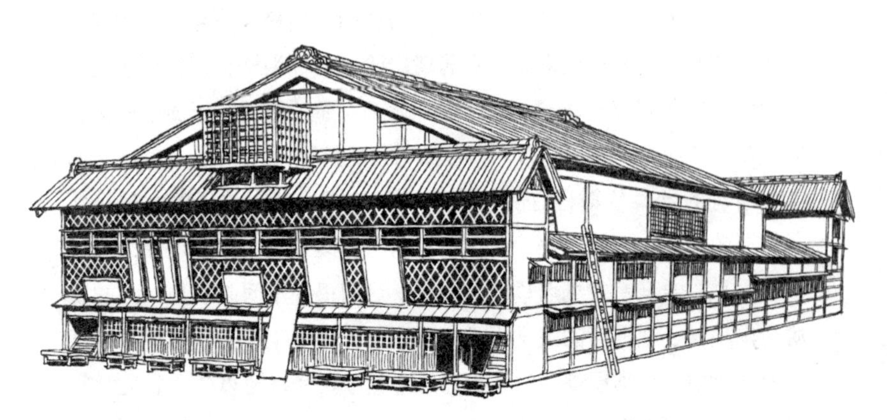

元文时期的中村座（由须田敦夫复原）

早期的歌舞伎剧场

歌舞伎舞台之所以为坡顶，是当初歌舞伎剧场借用能乐舞台后的遗风。通过《洛中洛外图屏风》我们可以知晓江户时代初期在京都贺茂川的河原上演歌舞伎的情景。山冈本在《洛中洛外图屏风》中描绘了北野神社的女性歌舞伎。庆长八年（1603）前后，阿国歌舞伎在北野神社附近的演出非常有名，或许山冈所描绘的就是阿国歌舞伎的演出场景。国会图书馆中真正的旧舟木本《洛中洛外图屏风》描绘了四条河原表演时的样子。女性歌舞伎的舞台虽然和能乐舞台有些相似，但它的屋顶是木板铺就的，四周的观众座席也非常简陋。然而它恰恰就是之后的歌舞伎剧场的雏形，也是观众热情追捧的源头。

岛原的角屋

倾城町的角屋

京都的岛原就是江户时代的倾城町。所谓倾城一词源于《汉书》（前 202—8）“迷恋佳人美色而倾城倾国”的记载，用于表示美女和艺妓。在岛原就有角屋。拥有艺妓的地方叫“置屋”，将艺妓邀请过

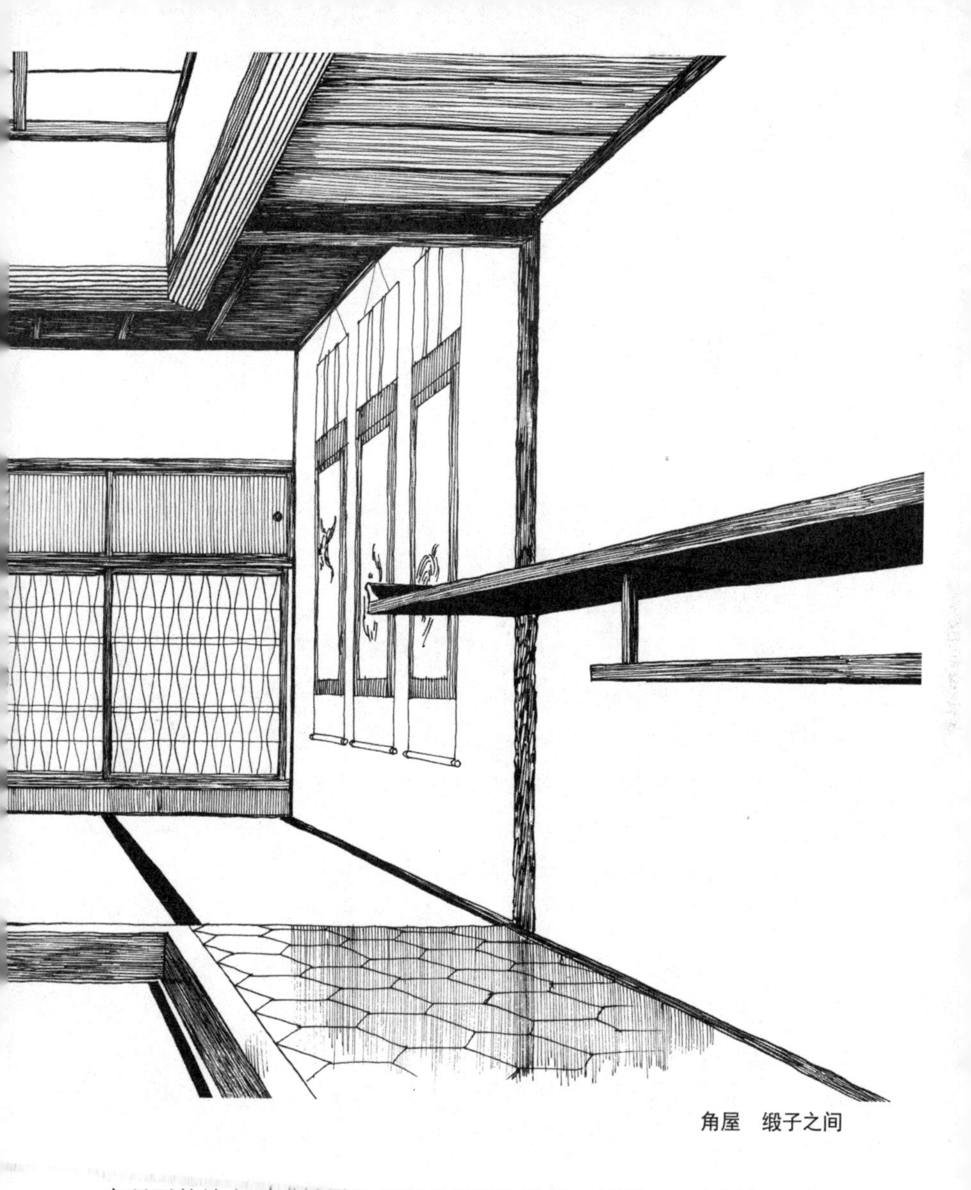

角屋　缎子之间

来玩耍的地方叫“扬屋”，而“角屋”就是“扬屋”。角屋的入口处及其南侧是天明七年（1787）加盖的，其余部分是延宝时期（1670—1680）落成的，最古老的部分可以追溯至宽永时期，宽永十七年（1640），倾城町刚刚从六条三筋町迁至现在这个地方。

这是奉了幕府的命令，其理由是角屋置于洛中会助长奢靡，乃至乱世。

江户的吉原

江户的倾城町吉原最初也位于日本桥葺屋町，明历三年（1657）大火焚烧后，迁至千束日本堤下三谷，之后改称新吉原。据说日本桥葺屋町的吉原本是一处非常偏僻的地方，其名称源自苇原之称，意为芦苇茂盛的原野。由于逐渐建造了房子，便迁移至日本堤下，情况和岛原基本相同。

角屋的设计

即使当政者将倾城町隔离至人迹罕至之地，也无法阻止它的鼎沸喧闹。倾城町中的扬屋不仅奢华，还有一些引导美丽潮流的事物，角屋就是走在建筑最前沿的优秀设计的遗留。

一楼的竹网之间用竹网固定天井，壁龛左侧的几案上方设计为花头窗。拉门的框架都是由成组的板条构成；二楼的缎子之间有一类似榻榻米两铺席大小的高台，左侧安装着富于精美的曲线变化的拉门，右侧的台板设计显得非常简洁流畅，地板上刻有龟甲花纹的线条。

青贝之间在墙壁和拉门、隔扇等上面嵌入青贝，创造出一个色彩别样的室内空间。

游艺和美的意识

倾城町被唤作不良场所，有不良之地、沉迷于不良等说法。但是被称作不良之舍的“扬屋”的“不良创意”在建筑层面却不失为优秀之作。艺妓需要具备卓越的吟诵和歌、拨弄管弦的技能，甚至可以成为有教养之人所憧憬的对象，就如同被本阿弥光悦的门下、曾以随笔文学的白眉而闻名遐迩的《赋草》的作者灰屋绍益赎身的名艺妓吉野一般。对吉野一见倾心的绍益及其朋友们都曾光顾三筋町这一不良之地，因而创意卓越的建筑是那些人们、也是那个时代的要求。

扬屋的建筑设计反映了当时上升时期的商人的财富意识和审美意识，它是在吸纳了富有教养的人们优秀设计理念的基础上形成的。

岛原（《都名所图会》）

游兴空间的设计

郭中的世界

岛原四周有护城河环绕，东侧开设大门，整个建构宛若一座城堡。大概也是出于这样的原因而被称作郭或游郭吧。东西方向有一条、南北方向有三条大路，北侧分为中之町、中堂寺、下之町，南侧分为上之町、西洞院、扬屋町，共计 6 个町，角屋位于扬屋町。

这 6 个町是与世隔绝的独立世界。《都名所图会》描绘了在二楼和艺妓们玩耍的男人的样子以及怀抱三弦的艺妓的倩影。

角屋和艺妓屋

扬屋町的西面沿着大路有一长长的正面朝街的角屋，走近角屋，入口侧面的门灯上的“角”字首先映入眼帘。步入门内，正面有一中门口，里面有一大的厨房。不走中门口，向右转弯的话，有一玄关。从大路上可以看到的二楼是扇之间、翠簾之间、缎子之间。面朝大路的部分无论是一楼还是二楼都向内凹进半间左右，并安装拉门，朝外的一面有格子相连，构成独特的外观。

坐落在中之町的艺妓屋在正德六年（1716）的《岛原细见图》上

角屋　外观

就已经和角屋一起拥有其名了，虽然它没有和角屋的建筑一并保留下来，但是其室内窗扇和拉门上描绘的阳伞等大胆创意引人关注。角屋入口处角字的设计以及这里的窗扇和拉门上的创意都是非常优秀而独特的，甚至堪称具有现代特色。

前来倾城町游乐的那些风雅之人，一定理解并享受了这番时髦的设计。

拉门的设计

从角屋的各个房间所看到的设计都是凝聚创意且颇富雅兴的。将各个房间中拉门框架的设计汇总起来看，并非司空见惯的普通设计，每一个框架都具有独到之处。

拉门框架的间距也并不完全相等，其中同样倾注了很多创意，有组合式板条的，有与房间内的天井设计等遥相呼应的，也有利用曲线营造趣味的，还有斜式的组合框架，等等。据说桧垣之间和缎子之间曲线状的框架并不是将细的材料弯曲制成的，而是由粗大的材料削制而成的。这样即使经年历月也不会变形。虽然制作起来很费工夫，但细部令人感受到非凡的创作精神。

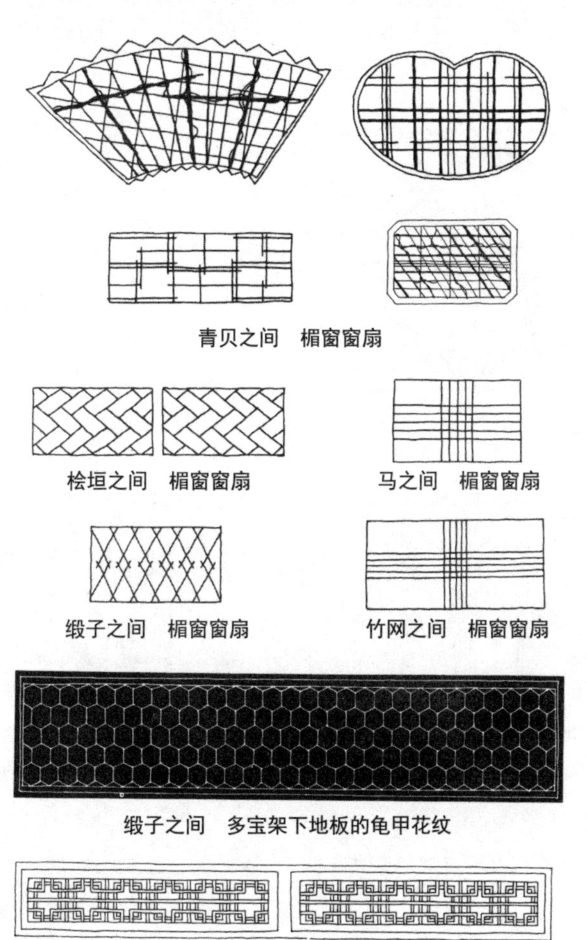

青贝之间　楣窗窗扇

桧垣之间　楣窗窗扇　　马之间　楣窗窗扇

缎子之间　楣窗窗扇　　竹网之间　楣窗窗扇

缎子之间　多宝架下地板的龟甲花纹

翠簾之间　楣窗

不仅仅是拉门等框架，即便是栏杆扶手的形状也制作成了扇子形和心形，多宝架下面的地板施以龟甲状的雕刻，各个房间中的门框窗架等也都颇具匠心。

各房间中窗扇和拉门上的绘画也都非常有趣，尽管因蜡烛油烟的熏染有些灰暗。二楼翠簾之间窗扇和拉门上描绘的翠簾图中附有房间的名称。它的设计是垂落在门槛下的翠簾被卷起一半。扇之间的天井上描绘了群扇共舞的场面。

因精于生活和练达而自豪的人们，其游乐世界的建筑就是以如此精致而卓越的设计展示在人们的面前。

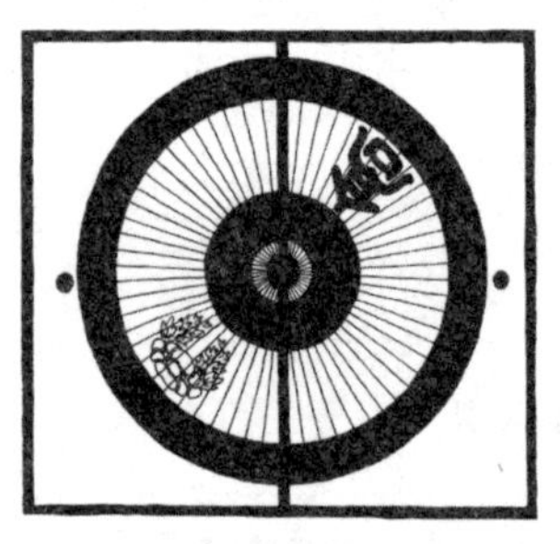

窗扇上的创意（艺伎屋）

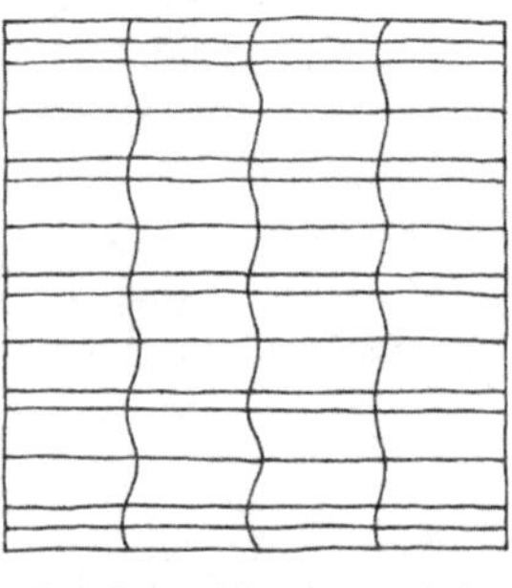

桧垣之间　进出口处的拉门

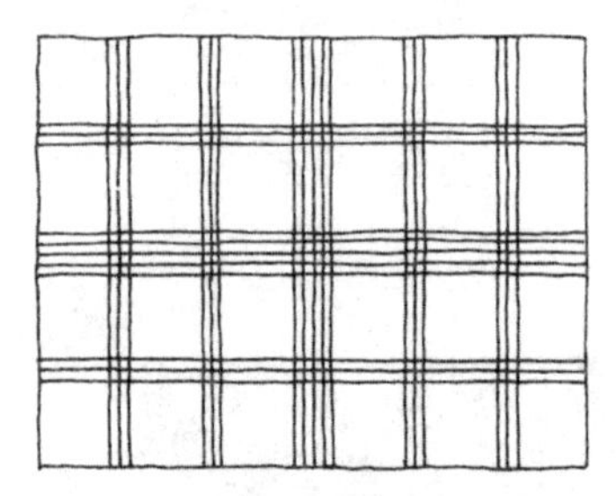

缎子之间　进出口处的拉门

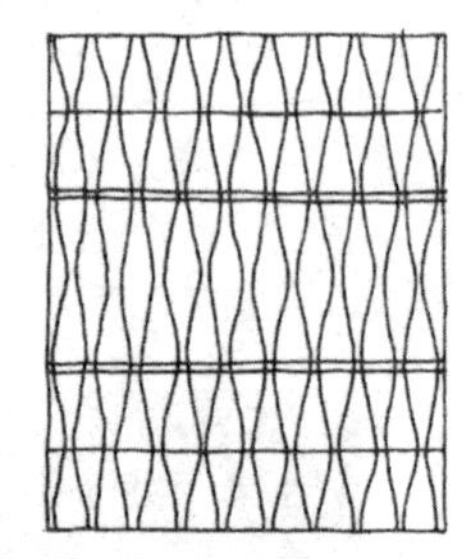

缎子之间　几案处的拉门

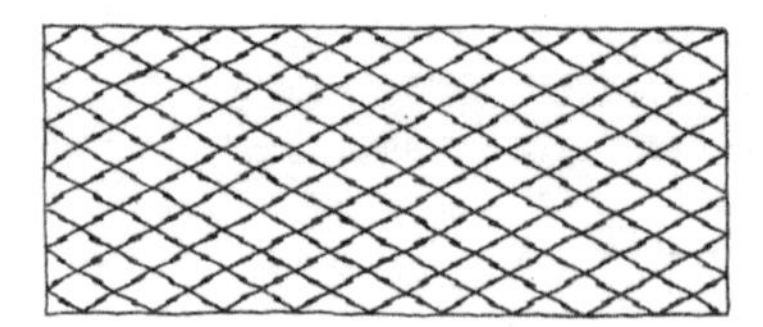

青贝之间　窗扇图案

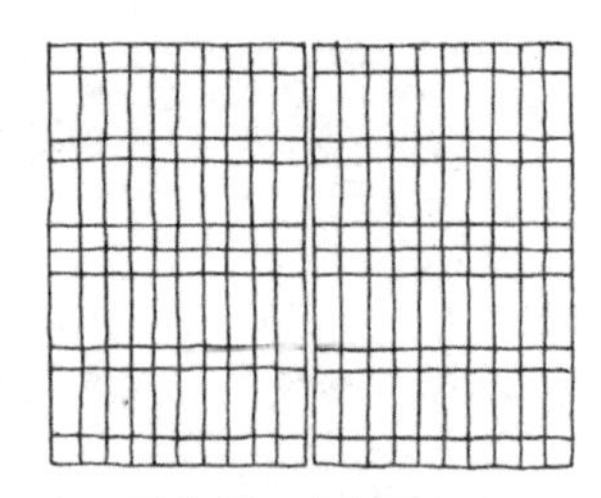

马之间　窗扇图案

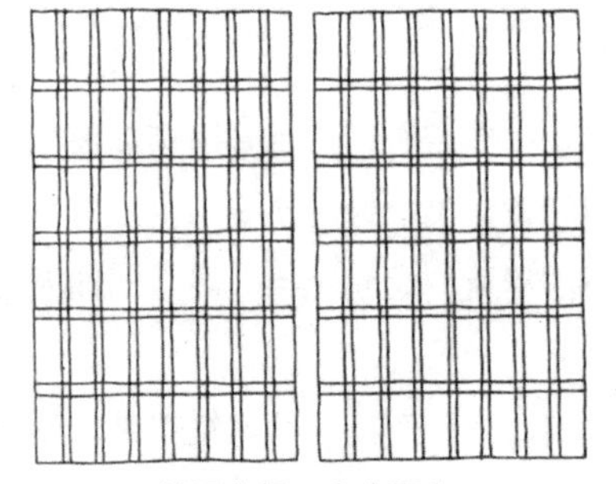

竹网之间　窗扇图案

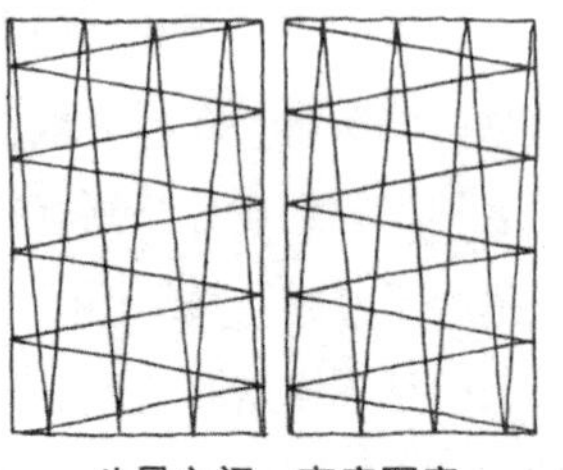

八景之间　窗扇图案

风雅空间

前往桂离宫的行幸

宽文三年（1663）三月六日，后水尾法皇前往桂离宫行幸。为了这一天的到来，不仅加盖了新的宅邸，还对以往的宅邸和庭院进行了修缮。金阁寺的僧侣凤林承章也作为宾客之一获得了邀请，他将这一天的情景记录在日记中。

首先从参观书院开始，漫步庭院以及遍布于庭院各个角落的茶屋。在法皇到来之前，只有古书院和中书院（这一名称应该是增盖了新的宅邸后才有的），但是为迎接法皇又增建了乐器之间和新的宅邸，其建筑的精湛令人瞠目。

被池塘围绕的庭院中樱花烂漫，人们为景色之美丽而慨叹。承章的记载是“美得无法用语言表达”。

庭院中的茶屋都进行了“装饰”，还备好了和式点心，据承章描述“惊诧凡眼”。返回书院后，又呈上了冷麦，这应该相当于现代的粗面条或冷面。

荡舟、餐饮、赋诗

品尝了冷麦后，便开始了在桂川上荡舟游玩。船中摆出和式点心和其他美食。由于前一天刚刚下过雨，河水上涨，加上风起潮涌，只

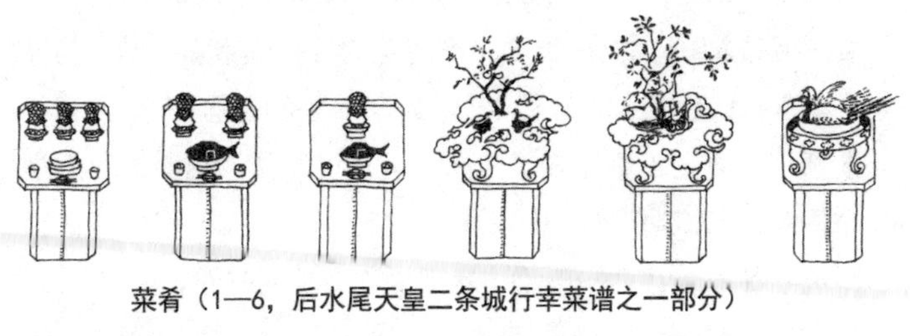

菜肴（1—6，后水尾天皇二条城行幸菜谱之一部分）

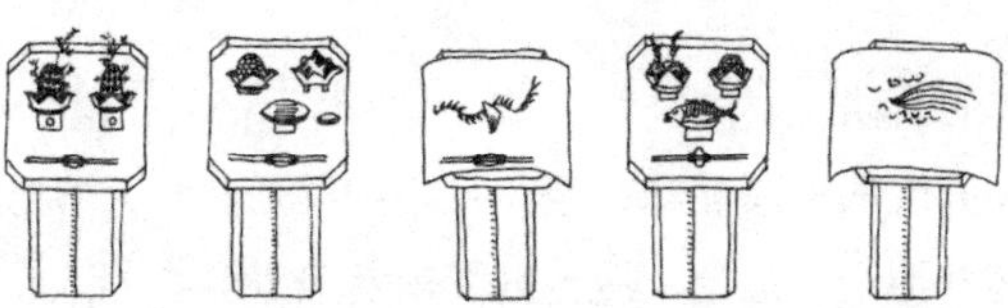

菜肴［7—11，行幸御膳之一部分，生间流（日本料理流派之一）料理秘传］

桂离宫　从庭院看到的宅邸

好又换到池塘中。承章作汉诗一首，请后水尾法皇过目。

从船上下来后，又回到书院用餐。一共品味了两道茶水。

餐后便进入赋诗的雅兴阶段。法皇吟咏了一首和歌，这次担任东道主的八条宫稳仁亲王执笔记录。之后大家皆尽兴吟诵俳句、狂诗等。

渐渐地，春之夜幕笼罩了四周，承章退席了。这一天一大早出发前往金阁寺，归来时分应该已是夜深之时了。那个时代的桂离宫属郊外，距离京都中心甚远，出趟门就需要这么长的时间。

形式多样的活动

在书院和庭院的茶屋品味茗茶、点心和菜肴，尽兴吟咏和歌、俳句和狂诗，荡舟河川、池塘，漫步庭院观赏美景。在船上也能品尝点心、吟诵汉诗。这里就暂且统称其为游艺吧。这种游艺以古典为引领，

需要能乐、茶道、花道等深刻底蕴才能成立，是唯有能解风雅之心的人们所共有的一种乐趣。

风雅空间

游艺的场所不仅限于建筑物，还可以随意地利用庭院中的池塘、河流等。这里我们暂且将富含教养底蕴的游艺场所称作风雅空间。桂离宫的书院群、茶屋乃至庭院都是风雅空间的优秀代表。但是倘若将现在所看到的理解成宽文时期当年的样子恐怕是错误的。江户时代中期佳仁亲王喜爱桂离宫，并多次前往，有很多修缮就是在这一时期完成的。此外，紧靠着桂离宫的河流经常泛滥，给桂离宫的庭院造成了影响。为了从灾害中恢复过来，人们对损坏的建筑进行了修复加工，因此这一风雅空间才得以保留至今。

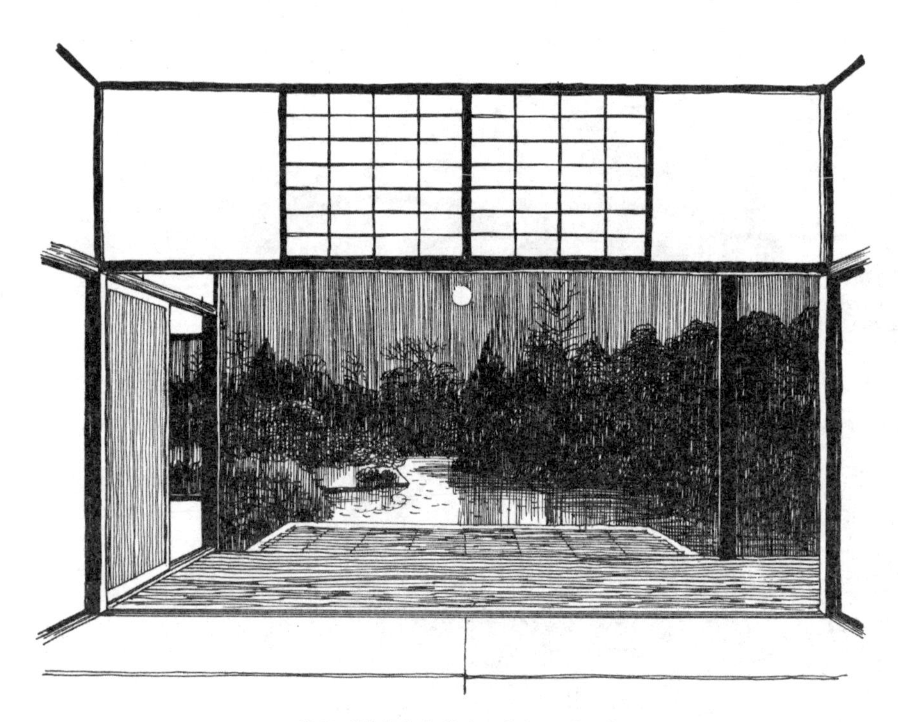

赏月（桂离宫古书院二之间和观月台）

风雅的游艺世界

太上皇住所的游乐

根据凤林承章的日记记载，后水尾法皇的住所仙洞御所也是一处风雅空间。

宽永十三年（1636）八月十五日，在太上皇的茶屋举行了赏月会，九月十三日还举行了以“池上之会”为主题的歌咏会。那是一场在池面上船只中的赏月酒宴。九月十八日举行了品味新茶的品茶会。品茶会在太上皇茶屋中进行，一共品尝了“三种新茶”。壁龛处悬挂墨迹，多宝格架上摆放蓝色的香炉和小盒子。品过茶后便是酒宴。在池塘的中岛上观赏东山之上的皓月，在小船中吟诵歌谣。庭院中铺上大小为 5 间的正方形的木板以作舞台，观赏“少女”的舞蹈。

庭院池塘（仙洞御所）

承章的日记中这样写道：“自翌年的三月二十二日至二十五日，还有一次三天三夜的游艺，项目多达十八种。其中有趣的是和汉连句、赋诗、踢皮球、射箭、下围棋、赌钱物、焚香，等等。”抽签获得奖品之美妙是难以用笔墨描述的。

享受自然

除此之外，在太上皇的住所仙洞御所，根据季节的不同还有各式各样的游艺活动。例如山茶花盛开之时，不仅可以眺望观赏，还可以剪下来作插花；当蘑菇长出来的时候，可以上山采菇，同时尽享自然风情。

享受四季自然是风雅之情的基本内容。京都北面高雄的红枫自古闻名遐迩，人们自带佳肴和美酒前往赏枫。在桂离宫古书院的赏月台也可以观赏明月。当秋日的夜空皓月爬上天空之时，赏月台选择了绝佳的观赏方位。

插花、佳肴、品茶

将四季的自然纳入室内的尝试便是插花了。幸运的是，宽永时期因插花而闻名的池坊专好所插之花，作为绘画师所描绘的插花图被记录了下来。人们也将插花作为一种游戏玩耍，几个人竞比各自的作品，并决出优胜者。

佳肴也是游艺的一项重要内容。那个时代有着现代人早已失去的取之于大自然的丰富的纯天然佳肴。描绘宽永三年（1626）后水尾天皇二条城行幸时的菜肴图画流传至今，我们可以从中了解到举行仪式时菜谱的豪华程度。尽管人们会认为那种奢华程度与游艺的风雅相距甚远，但它的确揭示了一个事实，佳肴也是重要的招待之一。

品茶也是招待的一个范畴，也是游艺的重要内容。品茶原本是竞猜茶叶产地的一种游戏。尽管近世初期的品茶就早已不再是一种游戏，但也是一项随意自在的活动，并未受到操作方法的彻底束缚。

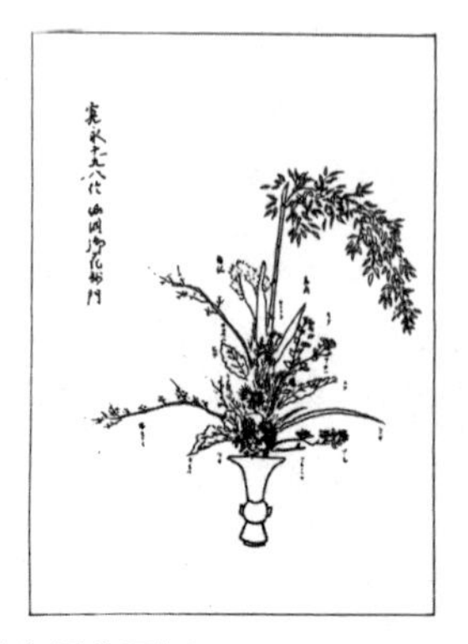

插花（《池坊专好插花图》）

春季赏花、秋季赏月赏枫、冬季观雪——在尽享自然之变化的同时，品饮茗茶。当然茶室是必不可少的。但是不仅仅局限于茶室，任何一处场所都可以是茶道的舞台。只要怀揣风雅之情，便不问场所，处处皆为风雅空间。这一点在现代也应该毫无改变。

烹饪（《七难七福图》）

枫树下的飨宴（《高雄观枫图》）

参考文献

日本建筑史全集

日本建筑学会．日本建筑史图集．彰国社，昭和二十四年，新订版昭和二十五年．

日本建筑学会．日本住宅史图集．理工图书，昭和四十五年．

太田，田边，福山，藤冈，渡边．日本建筑史（建筑学大系 4-I）．彰国社，昭和四十三年．

太田博太郎．日本建筑史序说．彰国社，增补新版，昭和四十四年．

藤冈通夫，等．建筑史．市之谷出版，昭和四十年．

祭祀

久野建，铃木嘉吉．法隆寺（原色日本的美术 2）．小学馆，昭和四十一年．

铃木嘉吉．飞鸟、奈良建筑（日本的美术 196）．至文堂，昭和五十七年．

奈良六大寺大亲（全 14 卷）．岩波书店，昭和四十三年—四十八年．

太田博太郎．南都七大寺的历史和年表．岩波书店，昭和四十九年．

大冈实．奈良之寺（日本的美术 7）．平凡社，昭和四十年．

浅野清，毛利久．奈良的寺院和天平雕刻（原色日本的美术 3）．小学馆，昭和四十一年．

铃木嘉吉．上代的寺院建筑（日本美术 65）．至文堂，昭和四十六年．

工藤圭章．平安建筑（日本的美术 197）．至文堂，昭和五十七年．

福山敏男．平等院和中尊寺（日本的美术 9）．平凡社，昭和三十九年．

工藤圭章．西川新次．阿弥陀堂和藤原雕刻（原色日本的美术 6）．小学馆，昭和四十四年．

伊藤延男．密教建筑（日本的美术 143）．至文堂，昭和五十三年．

仓田文作．密教寺院和贞观雕刻（原色日本的美术 5）．小学馆，昭和四十二年．

伊藤延男．镰仓建筑（日本的美术 198）．至文堂，昭和五十七年．

伊藤延男，小林冈．中世寺院和镰仓雕刻（原色日本的美术 9）．小学馆，昭和四十三年．

川上贡．室町建筑（日本的美术 199）．至文堂，昭和五十七年．
太田博太郎，松下隆章，田中正大．禅寺和石庭（原色日本的美术 10）．小学馆，昭和四十二年．
关野克．金阁和银阁（日本的美术 153）．至文堂，昭和五十四年．
渡边保忠．伊势和出云（日本的美术 3）．平凡社，昭和三十九年．
太田博太郎，稻垣荣三．社殿Ⅱ（日本建筑史基础资料集成 2）．中央公论美术出版，昭和四十七年．
太田博太郎，大河直躬．社殿Ⅲ（日本建筑史基础资料集成 3）．中央公论美术出版，昭和五十六年．
稻垣荣三．神社和灵庙（原色日本的美术 16）．小学馆，昭和四十三年．
稻垣荣三．古代的神社建筑（日本的美术 81）．至文堂，昭和四十八年．
福山敏男．中世的神社建筑（日本的美术 129）．至文堂，昭和五十二年．
日光社寺文化遗产保存会．国宝东照宫阳明门、同左右袖壁修理工程报告．便利堂，昭和四十九年．
大河直躬．桂和日光（日本的美术 20）．平凡社，昭和三十九年．
大河直．番匠．法政大学出版局，昭和四十六年．
辻惟雄．洛中洛外图（日本的美术 121）．至文堂，昭和五十一年．
村松贞次郎．绘图木匠百态．新建筑社，昭和四十九年．
朝仓治彦．江户匠人．岩崎美术社，昭和五十五年．
樋口秀雄．和汉三才图会．东京美术，昭和四十五年．

居住

太田博太郎．图说日本住宅史．彰国社，新订昭和四十六年．
平井圣．日本住宅的历史（NHK 图书）．日本广播出版协会，昭和四十九年．
伊藤延男．居所（日本的美术 38）．至文堂，昭和四十四年．
平井圣．图说日本住宅的历史．学艺出版社，昭和五十五年．
奈良文化遗产研究所．苏醒的奈良——平城京．
黛弘道．都城文化的扩散（图说日本文化的历史 3　奈良）．小学馆，昭和五十四年．
关野克．文化遗产和建筑史（SD 选书 151）．鹿岛出版会，昭和四十四年．
泽村仁．居所的状态（世界考古学大系 4　日本Ⅳ）．平凡社，昭和三十六年．
浅野清．奈良时代建筑的研究．中央公论美术出版，昭和四十四年．
村井康彦．新都平安京的光和影 // 樋口清之．生活方式的和风化（图说日本文化的历史 4　平安）．小学馆，昭和五十四年．

川上贡．日本中世住宅的研究．墨水书房，昭和四十三年．
太田博太郎，川上贡．书院Ⅰ（日本建筑史基础资料集成 16）．中央公论美术出版，昭和四十六年．
太田博太郎，平井圣．书院Ⅱ（日本建筑史基础资料集成 17）．中央公论美术出版，昭和四十九年．
太田博太郎．壁龛之间．岩波书店，昭和五十四年．
太田博太郎．书院造．东京大学出版，昭和四十一年．
风俗画——洛中洛外（日本屏风绘集成第 11 卷）．讲谈社，昭和五十三年．
平井圣．城与书院（日本的美术 13）．平凡社，昭和四十年．
斋藤英俊．桂离宫（名宝日本的美术 21）．小学馆，昭和五十七年．
西和夫．近世初期的建筑界（图说日本文化的历史 8 江户 上）．小学馆，昭和五十五年．
藤冈通夫，恒成一训．书院Ⅰ、Ⅱ．创元社，昭和四十四年．
江户时代图志（全 25 卷）．筑摩书房．昭和五十年—五十二年．
大石慎三郎．图说日本文化的历史 8 江户 上．小学馆，昭和五十五年．
太田博太郎，大河直躬．民家（日本建筑史基础资料集成 21）．中央公论美术出版，昭和五十一年．
伊藤呈次．民宅（日本的美术 21）．平凡社，昭和四十年．
铃木充．民宅（书中书日本的美术 37）．小学馆，昭和五十年．
日本的民宅 1—8．学研，昭和五十五年—五十六年．
宫泽悟．商铺和街区（日本的美术 167）．至文堂，昭和五十五年．
朝仓治彦．守贞漫稿（上、中、下卷）．东京堂出版，昭和四十八年—四十九年．
内藤昌，穗积和夫．江户之町（上、下）．草思社，昭和五十七年．
桐敷真次郎．初期江户的都市设计（日本之城）．学研，昭和五十四年．
平井圣，等．江户图屏风．平凡社，昭和四十六年．
太田博太郎，伊藤要太郎．匠明．鹿岛出版会，昭和四十六年．
城户久，高桥宏之．藩校遗址．相模书房，昭和五十年．

战争

太田博太郎，平井圣．城郭ⅠⅡ（日本建筑史基础资料集成 14、15）．中央公论美术出版，昭和五十三年、五十七年．
藤冈通夫．城和书院（原色日本的美术 2）．小学馆，昭和四十三年．
内藤昌．城的日本史（NHK 图书）．日本广播出版协会，昭和五十四年．

石川县乡土资料馆．发掘后的战国的城下和港口．昭和五十二年．
藤冈通夫．姬路城．中央公论美术出版，昭和四十年．
西和夫．姬路城和二条城．小学馆，昭和五十六年．
平井圣，等．旧东的城郭．金泽市教育委员会，昭和五十年．
桑田忠亲，等．战国合战绘屏风集成第一卷．中央公论社，昭和五十五年．
丰田武．金泽图屏风．文一综合出版，昭和五十二年．
内藤昌．江户和江户城（SD 选书 4）．鹿岛出版会，昭和四十一年．

游乐

堀口舍己．茶室研究．鹿岛出版会，翻印 昭和五十二年．
堀口舍己．茶室（日本的美术 83）．至文堂，昭和四十八年．
太田博太郎，中村昌生．茶室（日本建筑史基础资料集成 20）．中央公论美术出版社，昭和四十九年．
中村昌生，恒成一训．茶室大观Ⅰ、Ⅱ、Ⅲ．创元社，昭和五十二年—五十三年．
中村昌生．茶室的研究．墨水书房，昭和四十六年．
图说茶道大系（全 7 卷）．角川书店，昭和三十七年—四十年．
堀口舍己．解说妙喜庵茶室待庵（茶道立体图集 5 卷）．墨水书房，昭和三十九年．
野上丰一廊，等．能乐全书（全 7 卷）．创元社．综合新订版，昭和五十四年—五十六年．
须田敦夫．日本剧场史的研究．相模书房，昭和三十二年．
文化遗产建造物保存技术协会．重要文化遗产旧金毘罗大戏剧修理工程报告书．琴平町，昭和五十一年．
小泉嘉四郎．剧场跨度和舞台底部（世界建筑全集 3　日本Ⅲ　近世）．平凡社，昭和三十四年．
都名胜图会（新修京都丛书第 11 卷）．光采社，昭和四十三年．
久恒秀治．桂御所．新潮社，昭和三十七年．
森蕴．桂离宫．创元社，昭和三十一年．
森蕴．修学院离宫（日本的美术 112）．至文堂，昭和五十年．
藤冈通夫．角屋．彰国社，昭和三十年．
森蕴．日本庭院．吉川弘文馆，昭和三十九年．
西和夫．近世初期的风雅空间（茶道的研究 300—325 号）．茶道之研究社，昭和五十五年—五十七年．